Diccionario de Internet

Todos los términos utilizados en la RED

Purchased using federal
LSTA grant funding provided
by the Illinois State Library, a
Division of the Office of
Secretary of State.

Diccionario de
Internet

Todos los términos utilizados en la RED

ÁLVARO CASTELLS

DEUSTO

Aleph Servicios Editoriales

Dirección: Joaquín Navarro
Coordinación: Josep Dávila
Edición: Javier Pérez Andújar
Diseño: Joan Pejoan
Diagramación: Núria Lombarte

Impreso en Grafos, Arte sobre papel.
ISBN: 84-234-1769-7
Depósito legal: B-7637-2001

De alguna manera, Internet y el cambio que ha supuesto en nuestra sociedad, lo que denominamos «nueva economía», ha generado unos nuevos términos que utilizamos todos los días y que se han incorporado a nuestro bagaje cultural.

Internet está ofreciendo nuevas oportunidades impensables hasta hoy, oportunidades para los países, las compañías y las personas en todo el mundo, y sin duda cambiará nuestra forma de trabajar, de vivir, de educarnos y disfrutar de los ratos de ocio.

Para comprender Internet y su terminología se necesita una actualización constante, incluso especializada en los diferentes entornos de la Red, desde los sitios de simple acceso o intercambio de información hasta los sitios de comercio electrónico, tanto de la empresa al consumidor (B2C) como de una empresa a otra (B2B).

Es en el área del comercio electrónico donde podemos encontrar mayor interacción entre los clientes y los proveedores y, por tanto, utilizar un lenguaje común. Los *e-marketplaces* o mercados electrónicos, con transacciones *online*, son la nueva versión de los mercados tradicionales, donde podemos encontrar casi todo lo que necesitamos, desde material de escritorio hasta herramientas de labranza. Más del 93 % de las empresas tienen en la actualidad proyectos de comercio electrónico para los dos próximos años, y se calcula que en cinco años el 53 % de las transacciones de comercio electrónico se realizarán en mercados electrónicos, ya que ofrecen a las compañías y particulares un acceso seguro, sistemas electrónicos establecidos, una amplia oferta y un gran número de clientes.

En este entorno, clientes y proveedores establecerán innumerables interacciones negociando precios, participando en subastas, buscando compras en volumen y cualquier otro modelo que podamos imaginar, siempre utilizando un entorno global y común, que exige el conocimiento de la nueva terminología para ser capaces de moverse más ágilmente.

Internet es un mundo de oportunidades globales para las personas y las empresas, por lo que debemos ser lo suficientemente ágiles como para movernos en cualquier lugar y en todo momento. No siempre encontraremos páginas webs que nos ofrezcan la posibilidad de navegar en diferentes idiomas, pero sí reconoceremos una terminología común. Lo que es seguro es que cualquier oportunidad profesional que pueda surgir tendrá como requisito indispensable unos conocimientos y una comprensión de Internet, en el sentido más amplio, no sólo como un punto de información de la compañía u organización o como un nuevo canal de venta gracias al comercio electrónico, sino como una automatización de todos los procesos internos y externos de la compañía, con el objetivo de mejorar la productividad y conseguir importantes ahorros en los costes. Esta reingeniería de procesos no es sólo aplicable a las grandes corporaciones o a la Administración pública, sino también a la pequeña y mediana empresa, e incluso a ciertas rutinas en la vida diaria de las personas.

Podemos asegurar, por tanto, que es imprescindible la comprensión global de Internet, incluyendo sus concepciones de Intranet (red privada similar a Internet, pero en una menor escala, donde normalmente se utilizan el mismo software y las mismas herramientas, así como TCP/IP, HTML y HTTP) y de Extranet (red privada que utiliza Internet de una manera organizada para facilitar el acceso de las personas, los socios, los proveedores y las compañías externas a la organización).

El ecosistema de Internet es el modelo de negocio de la «nueva economía». Igual que en un ecosistema natural, la actividad en la economía de Internet se organiza por sí misma. El proceso de selección natural está relacionado con los beneficios en el caso de las empresas y con el valor, en el de las personas o los consumidores. Debido a que el ecosistema evoluciona tanto tecnológicamente como en número de personas, será cada vez más fácil para países, compañías e individuos participar en la economía de Internet. Actualmente, ya existe una enorme infraestructura e innumerables servicios para quien desee utilizarlos en cualquier momento y lugar. Por esta razón, en la economía de Internet pueden aparecer nuevas ideas y nuevas maneras de hacer las cosas en cualquier lugar y a cualquier hora. Los comportamientos y reglas antiguas ya no funcionan, el ecosistema de Internet es el nuevo modelo que debemos adoptar si queremos formar parte de la nueva globalización. Los operadores de telecomunicaciones, los proveedores de servicios Internet y los proveedores de servicios de aplicaciones son piezas fundamentales en este cambio. Su oferta de nuevos servicios de valor añadido a personas y empresas, basada en las nuevas posibilidades que ofrecen Internet y las redes inteligentes, facilita el acceso a enormes ventajas para los usuarios de este tipo de servicios. Conocer y utilizar adecuadamente esta amplia gama de soluciones puede aportar a las personas una mayor calidad de vida y mejoras competitivas a las empresas: Internet está cambiando la forma de trabajar de las empresas, las organizaciones, las entidades y las personas. La gran oferta y demanda de nuevos servicios de valor añadido ha provocado que el tráfico de datos esté creciendo a una enorme velocidad, mientras que el tráfico de voz permanece plano. Esto ha supuesto un nuevo desafío para los operadores y proveedores de servicios, una mayor competitividad con importante componente tecnológico, lo que permite la creación de servicios diferenciados que generan nuevos entornos de negocio para las empresas y los particulares.

Comprender Internet y los nuevos términos que aparecen día a día es muy importante y este trabajo de Álvaro Castells, el Diccionario de Internet, puede ayudarnos a adaptarnos a la transformación que está sufriendo nuestro trabajo, nuestra forma de vida, nuestra formación y nuestra educación.

Jordi Botifoll
Managing Director España y Portugal
Cisco Systems

En el año 1995 comencé a utilizar Internet como una herramienta de trabajo que facilitaba la localización de determinada información sobre libros y artículos que en aquellos momentos estaba escribiendo. Sin apenas darme cuenta entré velozmente en un mundo diferente, en el que las pautas de conducta de las personas que se involucraban eran diferentes a las que tenían en el mundo real. Dentro se estaba creando a velocidad vertiginosa un nuevo lenguaje, nuevas palabras para describir cosas que no existían o renombraban las antiguas, combinaciones de símbolos que expresan emociones, o acrónimos que se utilizaban en los chats. Sin darme cuenta, ese nuevo lenguaje se convirtió en una extensión del habitual.

Cinco años después, ese lenguaje es de uso cotidiano, podemos ver nuevas palabras en todos los medios de comunicación, en la publicidad o en cualquier conversación entre amigos o profesionales. Sin embargo, cuando preparo un artículo o una conferencia, debo prestar especial atención a las palabras utilizadas, ya que son aún pocas las que se han generalizado.

Desde 1997 fui anotando todas aquellas palabras que iban surgiendo, las que me preguntaban personas de mi entorno, leía en documentos sobre Internet, escuchaba en conferencias, etc. El resultado de estos casi cuatro años es el libro que tienes en tus manos, un compendio de cerca de mil palabras, escrito en salas de aeropuertos, aviones, trenes, la biblioteca de Luarca (en Asturias), y sobre todo muchas noches y fines de semana en casa, quitando horas de dedicación a Sandra y a Rodrigo, pero con la ilusión de crear algo útil. Quiero expresar mi agradecimiento a Erika Vallespín y Rafael Ardit, quienes se entusiasmaron con el proyecto desde el inicio y me prestaron todo su apoyo.

Un diccionario es algo vivo, y éste no debe ser diferente. Continuamente surgen nuevas palabras que exigirán nuevas revisiones, pero indudablemente siempre podrás encontrar el significado de las más extendidas en este ejemplar.

Álvaro Castells

NÚMEROS

64k Line - **Línea de 64 k**
Conexión telefónica digital capaz de transmitir 64.000 bps (bits por segundo).

404, 404 not found, error 404
Número aplicado a un mensaje de error que suele producirse con frecuencia en Internet. El 404 not found es un mensaje de retorno que indica que la URL solicitada no puede ser localizada porque la página ya no existe en Internet o el servidor al que se intenta acceder está fuera de línea. Aparecerá en nuestro navegador como si fuera un texto de una página web.

SIGNOS

:-)
Véase *Smiley*.

@, arroba - *At, at sign, address sign*
(Palabra árabe que significa «cuarta parte», respecto a una unidad de peso).
El símbolo @ se ha hecho mundialmente famoso en Internet por su uso como separador en las direcciones de correo electrónico. Denominado arroba en español, por ser el símbolo de esta unidad de medida, se llama *at*, *at sign* o *address sign* en inglés. En el correo electrónico separa la parte del nombre o identificación del usuario de la dirección del mismo; por ejemplo, alvaro@atkearney.com.

@ece

Fundada en 1998, la @ece (Asociación Española de Comercio Electrónico) está formada por una agrupación de empresas españolas interesadas en disponer de un comercio electrónico más fiable y seguro. Sus objetivos son defender los intereses de las empresas españolas en los temas relacionados con el comercio electrónico y fomentar su desarrollo en España.
La @ece ha creado un sello de garantía que puede ser utilizado por las empresas que se adhieran al código ético. Este código protege la intimidad de las personas en el tratamiento automatizado de los datos de carácter personal y puede utilizarse en los web sites de dichas empresas. Con ello se garantiza que la empresa asume las normas del código ético de protección de datos personales de la @ece y el tratamiento adecuado de los mismos.
Puede visitarse en www.aece.org.

@Home

Compañía resultante de la fusión de Excite Inc. y @Home Network. @Home ha llegado a un acuerdo con las principales compañías de cable de Estados Unidos y Canadá para ofrecer contenidos en alta

velocidad por el importe de una suscripción mensual. El cable proporciona una velocidad de descarga de contenidos Internet muy superior a la habitual de la conexión telefónica por RTC. Ofrece importantes ventajas para descargar música y vídeo online, participar en juegos contra otros participantes o ver películas. @Home utiliza un navegador propio basado en Microsoft Internet Explorer. Puede visitarse en www.home.com. Véase @*Work*.

@Work

Servicios de Excite @Home destinados a empresas.
Puede visitarse en http://work.home.net. Véase @*Home*.

Abilene
Columna vertebral (*backbone*) de la red
de Internet2. Son los dos proyectos principales de la organización norteamericana
UCAID (University Corporation for Advanced Internet Development).
Véase *Internet2*.

.ac
Extensión de dominio utilizada por los dominios asociados a las instituciones educativas, como universidades, academias,
etc. Procede de la palabra inglesa *aca-
demy*. Tras la «.ac» se escribe el nombre
de dominio del país, que indica la nación
a la que pertenece el centro. Por ejemplo,
Universidad de Oxford (www.ox.ac.uk) o
Universidad de Tokio (www.u-tokyo.ac.jp).
La extensión «.edu» está más extendida,
y no exige escribir el nombre del dominio inmediatamente detrás.

Acceptable User Policy
Véase *AUP*.

Acceso - *Access*
Conexión con Internet (acceso a Internet.) // **2.** Modalidad de acceso: por red,
por conexión telefónica, por cable módem... // **3.** Posibilidad de entrar en una
Web site de pago en la que es necesario
registrarse, es decir, se necesita contar
con autorización de entrada.

Acceso remoto - *Remote access*
Aplícase a la entrada a un ordenador situado en otra zona, a diferencia de lo que

ocurriría si accediéramos a una red local.
Se necesitan hardware y software de comunicaciones y accesos físicos como los
facilitados por una línea telefónica. El mayor inconveniente del acceso remoto es
que las conexiones son, por lo general, más
lentas, lo cual suele ocurrir cuando se utiliza un módem. Este problema se agrava
cuando se trabaja con archivos de gran
tamaño.

Access number
Véase *Número de acceso*.

Access privileges
Véase *Privilegios de acceso*.

Access provider
Véase *ISP*.

ACE
(Agencia de Certificación Electrónica).

Creada por la CECA (Confederación Española de Cajas de Ahorros), Telefónica,
SERMEPA y sistema 4B en mayo de 1997,
la ACE proporciona certificados electrónicos cuyo fin principal no es otro que facilitar el intercambio de información en redes abiertas con las máximas garantías
de seguridad para todas las partes (usua-

rios finales, empresas, corporaciones e instituciones de todo tipo), así como una infraestructura tecnológica sustentada en arquitecturas técnicas sofisticadas y completamente seguras (tecnología de clave pública o PKI). La ACE se constituye como una tercera parte en la que confían todos los elementos integrantes de una comunicación segura a través de redes abiertas.

Puede visitarse en www.ace.es.

Véase *Feste* (Fundación para el Estudio de la Seguridad de las Telecomunicaciones).

ACK

(*Acknowledge*).

Utilizado para confirmar la presencia propia, es la respuesta adecuada al ping. // **2.** Cuando un ordenador envía un bloque de datos a otro a través de una red, el segundo ordenador manda un mensaje de retorno ACK para indicar que la transferencia ha sido correcta, es decir, que el bloque de datos ha sido recibido sin errores. Si se han detectado errores en la transmisión, el segundo ordenador puede mandar un ACK negativo (NAK).

Véase *PING* y *Xmodem*.

Acrobat

Uno de los programas más utilizados en el entorno Internet, aunque se ha adaptado de manera secundaria, ya que procede de entornos multimedia y de imagen gráfica anteriores. Acrobat es un producto desarrollado por Adobe para crear, archivar y visualizar documentos

en formato PDF (Portable Document Format) con el mismo aspecto de los originales. Para poder leer estos archivos se utiliza el programa Acrobat Reader, que puede utilizarse de manera gratuita descargándose del web site de Adobe (www.adobe.com) o desde los numerosos enlaces existentes en Internet. Una de sus principales ventajas es que permite guardar documentos que ocupaban archivos muy voluminosos en muy poco tamaño, lo cual es ideal para su transferencia rápida a través de Internet y para archivarlos en espacios reducidos de disco duro. Acrobat puede utilizarse como un programa fuera del entorno del navegador de Internet, o incluso como un plug-in que pasa a formar parte del navegador y abre los documentos dentro del mismo.

Véase *PDF*.

Acrobat reader

Véase *Acrobat*.

Acrónimo - *Acronym*

(Del griego *ákros*, extremidad, y *ónoma*, nombre).

Muy utilizados en Internet y en informática en general, los acrónimos se forman con las letras iniciales de las palabras, y su función es la de escribir rápidamente palabras de uso común. Podemos ver y utilizar acrónimos en chats y, en menor medida, en el correo electrónico, newsgroups, etc., siempre con mayúsculas. Los acrónimos utilizados proceden del inglés, y algunos de los más conocidos son:

ADN   *Any day now*
AFAIK   *As Far As I Know*

AFK	*Away From Keyboard*		OIC	*Oh, I See*
B4N	*Bye For Now*		OTOH	*On The Other Hand*
BAK	*Back At Keyboard*		PDA	*Public Display of Affection*
BBL	*Be Back Later*		PITA	*Pain In the Arse*
BCNU	*Be Seeing You*		RL	*Real Life*
BEG	*Big Evil Grin*		ROFL	*Rolling On Floor Laughing*
BFD	*Big F***ing Deal*		ROTFL	*Rolling On The Floor Laughing*
BFN	*Bye For Now*			
BRB	*(I will) Be Right Back*		RSN	*Real Soon Now*
BTW	*By The Way*		RTFM	*Read The F***ing Manual*
CU	*See You*			
CUL, CUL8R	*See You Later*		SNAFU	*Situation Normal, All f***ed Up*
DIKU	*Do I Know You?*			
EG	*Evil Grin*		SO	*Significant Other*
F2F	*Face To Face*		TANSTAAFL	*There Ain't No Such Thing As A Free Lunch*
FUD	*Fear, Uncertainty, and Doubt*			
			TIA	*Thanks In Advance*
FWIW	*For What Its Worth*		TPTB	*The Powers That Be*
FYI	*For Your Information*		TTFN	*Ta Ta For Now*
G o <G>	*Grin*		TTYL	*Talk To You Later*
GA	*Go Ahead*		TYVM	*Thank You Very Much*
GAL	*Get A Life*		VBG	*Very Big Grin*
GD&R	*Grinning, Ducking, and Running*		WB	*Welcome Back*
			WTH	*What The Hell*
GMTA	*Great Minds Think Alike*		YMMV	*Your Mileage May Vary*
IAC	*In Any Case*			
IANAL	*I Am Not A Lawyer (but)*			
IC	*I See*			
IIRC	*If I Recall Correctly o If I Remember Correctly*			
IMHO	*In My Humble/Honest Opinion*			
IMO	*In My Opinion*			
IOW	*In Other Words*			
IRL	*In Real Life*			
JK	*Just Kidding*			
L8R	*Later*			
LOL	*Laughing Out Loud*			
NRN	*No Reply/Response Necessary*			

Active Movie

Tecnología de Microsoft para descargar audio y vídeo en Internet y poder visualizarlo y escucharlo. Es un control de ActiveX.

Active Server Pages

Véase *ASP*.

ActiveX

Lenguaje desarrollado por Microsoft como respuesta a Java (tecnología de Sun Microsystems) que permite, como su nombre indica, crear páginas web interactivas con aspecto y comportamiento multimedia similares a los programas de ordenador, en lugar de páginas estáticas. Ha sido muy criticado por su falta de seguridad, y muchos expertos desaconsejan su uso, pero tiene muchos seguidores.

Esta tecnología permite ofrecer multimedia en Internet de manera sencilla. Los controles ActiveX pueden utilizarse para crear efectos multimedia como, por ejemplo, botones que cambian de forma y color (objetos interactivos), así como efectos de audio que se ejecutan cuando se pasa el puntero del ratón sobre ellos o cuando se seleccionan. Para poder actuar, el navegador debe soportar ActiveX. Los controles de ActiveX pueden ser descargados desde Internet y ofrecen una funcionalidad similar a la de los _applets_ de Java. Otra funcionalidad para diseñadores y programadores es la de colocar claves de acceso en las páginas, realizar preguntas a bases de datos y otras funciones no soportadas por HTML. Por tanto, hay controles y documentos ActiveX. Los controles son objetos incluidos dentro de la página, como los botones que cambian de color cuando se pasa el ratón sobre ellos y, como ya se ha comentado, son parecidos, en funcionalidad, a los _applets_ de Java. Los documentos son objetos que se pueden ver con un visualizador y navegar por ellos.

Un punto interesante de referencia para técnicos y programadores es www.activex.org.

Ad

Abreviatura de _advertising_ (publicidad). Muy utilizada en inglés (_ad director = director de publicidad_). En Internet se refiere a los anuncios de las webs, frecuentemente banners de diferentes formas y tamaños, que suelen tener animaciones de diferentes tipos, mezclando textos, dibujos e imágenes.

En el ejemplo podemos ver un banner de tamaño muy habitual, 460 × 80 píxeles. Véase _Banner_.

Ad click
Véase _Click rate_.

Ad rotation
Anuncio rotatorio. Cada vez que se abre una determinada página, aparece un anuncio diferente, de manera consecutiva o aleatoria. Esto permite ofrecer una publicidad variada, y que no aparezca siempre el mismo anuncio en la misma página. Esta función la realiza un software determinado, que suele estar gestionado por una compañía especializada en publicidad en Internet.

Por ejemplo, si se entra en la página de «Home & Family» del buscador Altavista, aparecerá un anuncio, y si se vuelve a entrar al cabo de sólo unos pocos segundos después, se encontrará otro anuncio distinto.

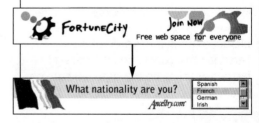

Ad space
En una página web, espacio destinado a la publicidad. Las empresas que ofrecen espacios publicitarios en Internet los comercializan a sus anunciantes. El símil en televisión son los espacios para anuncios publicitarios que se emiten en los cortes de la programación.

Address
Véase *Dirección*.

Address book
Véase *Libro de direcciones*.

Address mask
(Dirección encubierta).
Se utiliza para reconocer e identificar las secciones de una dirección IP que se compone de diferentes partes numéricas, separadas por puntos. También se denomina como *subnet mask*. Por ejemplo, una dirección IP numérica puede ser 207.37.253.203, que corresponde a www.atkearney.com.

Address sign
Véase *@, arroba*.

Administrador - Administrator (admin)
(Del latín *ad*, hacia, en sentido de movimiento, y *ministrare*, servir).
Administrador de sistemas (*system administrator, sysadmin*), persona responsable del mantenimiento de una red. // **2.** Persona responsable de las tareas administrativas así como el mantenimiento de una lista de correo o de un grupo de discusión de Internet.

ADSL
(*Asymmetric Digital Subscriber Line*)
Tecnología que permite conectar un módem a la línea telefónica convencional, la RTC (Red Telefónica Conmutada) o de par de cobre y transmitir información a velocidades de 1,5 a 9 Mbps al usuario y de 16 a 800 kbps de éste al servidor. Con ella se consigue una velocidad mucho más alta que con los módem habituales o la RDSI, y similar a la del cable-módem. La distancia y la calidad de la línea telefónica determinan la velocidad de transmisión. XDSL es una abreviatura genérica para agrupar a los diferentes tipos de DSL existentes, como HDSL, RADSL, SDSL o VDSL.

Advanced Research Projects Agency
Véase *ARPA*.

Advanced Research Projects Agency Network
Véase *ARPANet*.

Afiliación
Véase *Fidelización*.

Agencia de Certificación Electrónica
Véase *ACE*.

Agente - Agent
Proceso informático automático que realiza una acción o serie de acciones sin ninguna, o una mínima, intervención humana. Por ejemplo, en un programa de correo electrónico el filtro que elimina mensajes no autorizados es un agente. El agente puede localizar información de interés, completar transacciones y comunicarse con otros usuarios y agentes.

AI
(*Artificial intelligence*).
Véase *Inteligencia artificial*.

AIFF
(*Audio Interchange File Format*).
Formato de audio creado para Apple Macintosh, y adoptado después por otros sistemas.

Alfa - *Alpha*
Dícese del software o hardware que se halla en una etapa temprana de desarrollo, y cuyas pruebas se realizan en la propia empresa. No es estable y puede no incluir toda la funcionalidad. Después de las pruebas y ajustes pertinentes, el producto pasa a la fase beta, que suele realizarse externamente, ya que también colaboran otras empresas. Por ejemplo, antes del lanzamiento de Windows 95 y 98 un número bastante considerable de empresas y particulares utilizaron una versión beta para detectar errores y mejorar el producto.

Alias
Nombre alternativo, apodo o seudónimo que sustituye al real. Suele ser un nombre corto y fácil de recordar, frente al más largo y complicado del real, y puede referirse a una persona o a un grupo de personas en una red. En otras ocasiones, es un sistema utilizado por una aplicación de correo electrónico definido por el usuario y reemplaza el correo electrónico completo de una persona.
Otro uso es el de IRC y *chats*, en el que se utiliza un nombre corto que sustituye al real para mantener oculta la identidad del usuario.

Ejemplos: webmaster@atkearney.com, aquí webmaster es un alias (*nickname*) que sustituye al nombre real de la persona que va a recibir el correo electrónico; en este caso, indica la responsabilidad que tiene en la web site. El de tipo electronic.business@atkearney.com corresponde a un grupo de personas que forman parte de un entorno de interés o de trabajo. Cuando se manda un correo a esa dirección, ese mismo correo se envía automáticamente a todas las personas que aparecen en la lista de correo.

Alineación - *Alignement*
Posición del texto en la página web. Puede ir centrado o alineado a la izquierda o a la derecha.

.alt
(*alternate newsgroup*)
Categoría superior de los *usenet* newsgroups (grupos de noticias) alternativos. Los newsgroups sin moderador no son oficiales, pueden ser iniciados por cualquiera que disponga del tiempo, el equipo y los conocimientos necesarios, cuentan con muchos usuarios y se establecen de manera jerárquica. La jerarquía «alt» cubre, probablemente, la mayor variedad de temas, desde técnicos hasta políticos o religiosos, que pueden ser leídos o bien escribir y poner mensajes en ellos. La categoría alt es una de las más conocidas. Otras son: comp (*computer*), news, sci (*science*), talk, biz (*business*), misc (*miscellaneous*), rec (*recreational*) o soc (*social*). La mayoría de navegadores de Internet permite acceder a estos newsgroups.
Véase *Newsgroups*.

AltaVista

Compañía de Palo Alto (California), cuyo accionista mayoritario es CMGI, Inc. El nombre procede de una pizarra de un laboratorio parcialmente borrada. La palabra «Alto» (de Palo Alto) estaba situada al mismo nivel que la palabra «Vista», y alguien propuso: «¿qué tal Altavista?». Tras su fundación en 1995, en los laboratorios de investigación de DEC, en enero de 1999 pasó a manos de Compaq Computer Corporation, que a finales de ese mismo año se la vendió a CMGI. Es conocida sobre todo por ser propietaria de uno de los portales más importantes de Internet. Su funcionalidad más destacada es la de buscador, ya que tiene indexadas más de 100 millones de páginas, así como artículos de los usenet newsgroups (grupos de noticias). El robot de búsqueda de Altavista, denominado *Scooter*, y el indexador Ni2 son probablemente los más potentes y robustos. Altavista in-

dexa todas las palabras incluidas en una página web, a diferencia de otros buscadores que únicamente indexan las palabras clave. Ello permite que las búsquedas, en lo que a resultados respecta, tengan una mayor respuesta.
Puede visitarse en www.altavista.com.

Amazon

(Del griego *a*, privado, y *mazós*, pecho, en relación a legendarias mujeres guerreras o amazonas que se mutilaban el pecho derecho para poder utilizar el arco).
Librería creada por Jeff Bezos. Abierta en julio de 1995, es una de las empresas pioneras de venta de libros en Internet, y actualmente líder indiscutible, con implantación en otros países, como Alemania (www.amazon.de) o el Reino Unido (www.amazon.co.uk). En mayo de 1997 salió a bolsa, con espectaculares crecimientos. A mediados del año 2000 contaba con más de 20 millones de clientes de 160 países, y ha diversificado sus actividades a la venta de juguetes, vídeo, música, electrónica, subastas y otros productos.
Puede visitarse en www.amazon.com.

America Online
Véase *AOL*.

American National Standards Institute
Véase *ANSI*.

***American Registry for Internet
Numbers***
Véase *ARIN*.

***American Standard Code for
Information Interchange***
Véase *ASCII*.

**Analizador de tráfico -
*Traffic analyzers***
Programas que permiten conocer entre
otros, el tráfico generado en una web site,
el número de visitantes, el número de páginas solicitadas, así como las más (y menos) populares.

**Analógico a digital -
Analog-to-digital (ADC)**
Transformación de los datos de formato
analógico a digital. Por ejemplo, cuando
se graba un vídeo en un formato de vídeo en Internet (como .mov).

Ancho de banda - *Bandwidth*
Medida de la cantidad de información
que puede transmitirse en un tiempo determinado a través de una red (como Internet) o de una línea telefónica. La medida más utilizada es la de bits por segundo
(bps), seguida de kilobits por segundo
(kbps) o Megabits por segundo (Mbps).
Cuanto mayor sea el ancho de banda,
mayor numero de datos (información) podrá viajar al mismo tiempo. Nuevas tecnologías, como la RDSI o el cable-módem permiten disponer de un mayor ancho de
banda. Una página de texto en español
ocupa unos 15.000 bits y un módem rápido mueve más de 30.000 bits por segundo. Cuando se crean páginas web,

es importante tener en cuenta el tamaño de las imágenes y dibujos, ya que si
precisan una banda de transmisión demasiado ancha, provocarán esperas prolonga-
das durante la descarga de las páginas.
Las imágenes de vídeo consumen mayor
ancho de banda. Al principio, cuando la
mayor parte del contenido de Internet era
texto, con módem muy lentos se obtenían
unas descargas aceptables de información,
pero en la actualidad, con la proliferación
de imágenes, gráficos y animaciones se
ralentizan las descargas.
Por otra parte, cuando se conectan simultáneamente varios usuarios a Internet, comparten el ancho de banda, lo
cual suele traducirse en descargas muy
lentas, y aunque se disponga de módem
muy rápidos, la velocidad no mejora.
La mayoría de las personas que navegan
por Internet utilizan módem conectados
a la línea telefónica, generalmente con
equipos que transmiten a 14,4, 28,8 o,
más frecuentemente, 56 kbps. // 2. En
sentido analógico, ancho (rango) de frecuencia de transmisión de un canal, medido en ciclos por segundo o Hertz, kiloHertz,
megaHertz, etc. // 3. En el argot de los hackers se dice que una persona está *high
bandwith* cuando puede procesar un gran
volumen de información en un corto período de tiempo.

Anchor
En el lenguaje HTML, marcas que indican
el comienzo y final de los enlaces de hipertexto, es decir, el punto de comienzo y el
destino al que nos dirigen. Al marcar con
el ratón la zona (*anchor*), se accede al
destino configurado. Por lo general, es-

tas zonas están destacadas en otro color, o se iluminan cuando se pasa el ratón sobre ellas. Es sinónimo de *hiperlink*. En lenguaje HTML, por ejemplo, se puede escribir como <title>AltaVista - Welcome</title>.
Véase *HTML*.

And, &

Palabra que se utiliza como ayuda para búsquedas en Internet. Se denomina operador booleano y puesto entre dos palabras, permite localizar únicamente los documentos que contengan las mismas. Se suele sustituir por el símbolo «&». Ejemplo: «diccionario & búsqueda».

Anillo - *Ring, web ring, webring*

Los anillos son grupos de web sites enlazados que tienen un tema común (por ejemplo, cuando todos tratan de webcams). Existen innumerables anillos sobre todos los temas, como juegos, ordenadores, coches…. Estas web sites se catalogan en un servidor y, mediante enlaces que las conectan, permiten realizar un recorrido consecutivo por ellas, hasta volver de nuevo a la primera, de ahí el nombre de anillo. Muchos anillos presentan características complementarias, como visitar

aleatoriamente los web sites, o tener un listado de todos ellos, y acceder directamente a la que se desee.
Uno de los más conocidos y primero en aparecer fue www.webring.org. Creado por Sage Weil en marzo de 1995 y explotado desde agosto de 1997 por WebRing Inc., en la actualidad es uno de las más visitados. En el año 2000 constaba de más de 80.000 anillos, más de 1.300.000 web sites y eran visitadas dos millones de páginas diarias.
En el ejemplo puede verse el anillo *The live webcams ring*, que relaciona más de 1.800 webcams de todo el mundo. Con el menú es posible desplazarse por ellas de manera consecutiva o aleatoria.

Animated GIF
Véase *GIF89a*.

Anonymous File Transfer Protocol
Véase *FTP anónimo*.

Anonymous FTP *Site*
Véase *Site FTP anónimo*.

ANSI
(*American National Standards Institute*)

Organización privada sin fines de lucro fundada en 1918 por cinco sociedades

de ingeniería y tres agencias gubernamentales. En la actualidad está soportada por diversas organizaciones públicas y privadas y defiende los intereses de unas mil empresas, organizaciones, agencias gubernamentales y miembros institucionales e internacionales. ANSI tiene sus oficinas en Nueva York y Washington D.C. Es responsable de establecer, administrar y coordinar los estándares técnicos en Estados Unidos, que en ocasiones difieren de los establecidos por la ISO, pero no es responsable del desarrollo de los ANS (American National Standards). ANSI participa en la definición de los protocolos estándar de las redes. Representa a Estados Unidos en la ISO (International Organization for Standardization), de la que es socio fundador, y en la IEC (International Electrotechnical Commission).
Puede visitarse en www.ansi.org.

Antispam technologies
Tecnologías (generalmente de software) que impiden la recepción de correo publicitario no solicitado (spam).
Véase *Spam*.

Antivirus -
Anti virus software/program

Programa que impide la entrada de virus en nuestro ordenador o, una vez introducidos, los localiza y elimina.

Antivirus scanners
Véase *Escáneres antivirus*.

AOL
(*America Online*).

Compañía fundada en Virginia en 1985, que da acceso a Internet y a sus contenidos a más de 23 millones de usuarios, más otros 2,8 millones procedentes de la compra de la compañía Compuserve, su principal competidor en los Estados Unidos.
A finales de 1998 adquirió la compañía Netscape, junto con SUN, por 4.000 millones de dólares.
Su servicio es muy utilizado como puerta de acceso a Internet, ya que ofrece contenidos propios con acceso privado. Es frecuente ver usuarios de correo electrónico de todo el mundo con nombre @aol.com.

Aoler
Denominación que reciben los usuarios del servicio AOL.

Apache

The Apache Software Foundation
http://www.apache.org/

Servidor HTTP, potente y muy flexible, que incluye los últimos protocolos. Muy adaptable y ampliable con módulos desarrollados por terceras partes, es un servidor web, no un servidor de aplicaciones, y no incluye la funcionalidad de bases de datos.

Apache funciona en plataformas Windows NT y 9x, Netware 5.x, OS/2 y en la mayoría de las versiones de UNIX. Su nombre procede de *A PatCHy server*, por basarse en código ya existente y en series de archivos de ajuste o *patch files*. Según otras explicaciones, es también un homenaje a la tribu apache de los atabascos.

Frente a los típicos software de servidor Internet por cuyo uso se han de pagar licencias, Apache ofrece un producto de calidad, utilizado por más de la mitad de los servidores de Internet, que se distribuye de manera gratuita.

En los últimos años, los software de Netscape y Microsoft han cobrado más fuerza, y están reduciendo la cuota de mercado de Apache. En febrero de 2000 había seis millones de servidores con Apache en el mundo. No existe un soporte oficial para Apache. El soporte para problemas puede localizarse a través de diversos usenet newsgroups y de compañías que lo ofrecen comercialmente.

Puede visitarse en www.apache.org.

API
(*Application Programming Interface*).
Interfaces (relaciones) que permiten comunicar dos software que presentan incompatibilidades en ese proceso. Los documentos para los programadores incluyen las especificaciones técnicas necesarias para crear las interfaces. En Internet, los API permiten ampliar las capacidades de los servidores Web.

Algunos API de servidores conocidos son: ISAPI - Microsoft Internet Information Server; NSAPI - Netscape Commerce y Enterprise Server; WSAPI - O'Reilly Web Site y Web Site Pro.

Aplicación - *Application*
Software que ejecutan tareas determinadas para el usuario, y definidas por éste. En Internet son conocidos: FTP, lector de correo electrónico, gopher, los navegadores, Telnet.

APNIC
(*Asia Pacific Network Information Center*).

Organización sin fines de lucro responsable de la administración y registro de direcciones IP (Internet Protocol) en la región Asia-Pacífico, incluidos Japón, Corea, China y Australia. Es una de las tres *Regional Internet Registries* mundiales

que dan servicio de registro en todo el globo.
Véase *ARIN* y *RIPE NCC*.
Puede visitarse en www.apnic.net.

AppleLink
BBS (Bulletin Board System/Service) de Apple para los usuarios de ordenadores Macintosh.
Véase *BBS*.

Applet
Diminutivo de *application* o *app*. Pequeño programa o aplicación, escrito en el lenguaje de programación orientada a objetos Java, que sólo funciona dentro de otro programa. Permite que una página web incorpore efectos de audio y vídeo especiales, animaciones interactivas, cambios en los gráficos o los colores, o realizar determinadas tareas informáticas o de transmisión de datos, como cálculos instantáneos y otras funciones sencillas que no exigen el envío de una solicitud del usuario al servidor del que procede la página. Los *applets* de Java quedan incluidos (embebidos) en la página HTML, se envían al usuario junto con la misma y difieren de aplicaciones puras de Java en que no pueden acceder a determinados recursos en el ordenador local, como archivos o periféricos (impresoras, módem…), no pueden leer o escribir datos dentro del ordenador del cliente, es decir, tienen un control de seguridad muy estricto y unas restricciones que impiden que puedan dañar el ordenador del usuario o introducir un virus en él. Sólo pueden escribir y leer datos que procedan del mismo dominio desde donde son suministrados.

Los *applets* de Java necesitan un navegador que incluya funcionalidad Java. Cuando se accede a la página web que contiene el applet de Java, el navegador descarga él mismo desde el servidor y cumple su función en el ordenador del usuario o cliente. Para utilizar un *applet* dentro de una página es necesario especificar el nombre del *applet* y su tamaño en píxeles (longitud y altura).
Antes de que existiera la WWW, los programas de dibujo o procesadores de texto incluidos en Windows se denominaban con frecuencia *applets*.

Application Programming Interface
Véase *API*.

Archie
(*ARCHIve sErver*).
La palabra Archie se utilizó como herramienta de búsqueda de FTP anónimos, ya que fonéticamente, en inglés, se parece a *archive*. Archie ha sido desarrollado por McGill School of Computer Science. Es un sistema ya obsoleto y en desuso que permite realizar una búsqueda en los archivos de los miles de servidores FTP de Internet que ofrecen acceso FTP anónimo. En la actualidad es un robot (araña) que visita cada site FTP anónimo, lee todos los nombres de los directorios y archivos y los cataloga e indexa. Cuando hacemos una búsqueda, accedemos a ese gran índice que coteja nuestra consulta con sus datos y nos permite localizar los archivos y el software que deseamos localizar. Cuando hacemos una búsqueda con el nombre del archivo, Archie nos ofrece una lista de los lugares donde podemos

encontrarlo. Las solicitudes de búsqueda pueden hacerse por correo electrónico, gopher o buscadores web. Archie tiene indexados más de dos millones de archivos de más de 1.200 sites FTP. Archie es muy similar a Verónica, que indexa los archivos de los servidores Gopher.

En la actualidad, los poderosos motores de búsqueda que ofrecen sus servicios en Internet han reemplazado progresivamente el uso de Archie.

Véase *FTP anónimo*.

Archive site

Servidor que provee a los usuarios de Internet el acceso a ficheros de manera organizada.

Archivo - *Archive*

Lugar de almacenamiento de software, datos y otros materiales que interesa guardar. Los sites FTP son conocidos como archivos. // 2. Conservación de numerosos documentos en un solo archivo para facilitar la realización de las copias de seguridad y su manejo y transmisión. Los archivos de programas suelen estar comprimidos para facilitar su transferencia o para guardarlos en disco.

Archivo ASCII - ASCII *file*

Véase *ASCII*.

Archivo binario - *Binary files*

Archivos no ASCII, que suelen ser programas, vídeos o sonidos. Incluyen hasta 256 caracteres diferentes, combinando ocho dígitos binarios (bits) para cada carácter. Los archivos ASCII sólo utilizan 128 caracteres diferentes.

Archivo *bitmap*

Véase *Bitmap*.

Archivo comprimido - *Compressed file*

Mediante programas específicos de compresión se puede reducir el tamaño de los documentos y programas informáticos. Esto es muy útil en Internet cuando se transfieren documentos anexados en correos electrónicos. Los programas de compresión más conocidos son PKZIP (en sistemas DOS), WinZip o Stuffit, y los formatos de compresión más populares son ZIP, ARJ y TAR.

Archivo de contraseñas - *Password archive*

Archivo donde se guardan todas las claves de acceso del sistema.

ARIN

(*American Registry for Internet Numbers*).

Organización sin ánimo de lucro creada para administrar y registrar las direcciones IP (Internet Protocol) en las zonas geográficas de Norteamérica, Sudamérica, Caribe y África subsahariana. Comenzó su actividad en diciembre de 1997 con autorización del NSF (National Science Foundation) y la transferencia, por acuerdo con el IANA y desde InterNIC, de la autoridad en la administración de los nú-

meros IP. Es una de las tres Regional Internet Registries mundiales que prestan servicio de registro.
Puede visitarse en www.arin.net.

.arj

Programa de archivo creado por Robert Jung que permite comprimir los documentos en MS-DOS y otros sistemas operativos.

ARPA

(*Advanced Research Projects Agency*)
Conocido como ARPANet. Agencia de la Secretaría de Defensa de Estados Unidos cuya acta de fundación fue firmada en febrero de 1958, conocida por promover el desarrollo de Internet a principios de 1969.
En marzo de 1972 adoptó el nombre de DARPA (Defense Advanced Research Projects Agency) y se estableció como agencia de defensa independiente.
En febrero de 1993 recuperó el nombre de ARPA, bajo el gobierno del presidente Clinton, y en febrero de 1996 volvió a llamarse DARPA.
Véase *DARPA* y *ARPANet*.

ARPANet

(*Advanced Research Projects Agency Network*).
Precursor de Internet desarrollado a finales de la década de 1960 y principios de la de 1970 por el departamento de Defensa de Estados Unidos. Este experimento, realizado durante la guerra fría para crear una red informática amplia (WAN) que pudiera sobrevivir a una posible guerra nuclear con la antigua URSS, estaba diseñado de tal manera que no existía un ordenador central, sino muchos ordenadores distribuidos por toda la geografía estadounidense. Así se conseguía que, si era destruida una gran parte de la red, el resto seguiría funcionando, ya que la información se envía en paquetes, y si una de las conexiones se rompe, los paquetes se enrutan automáticamente. En la actualidad está desmantelado.
Desarrollado por Bolt, Beranek y Newman, la primera conexión ARPANet se realizó en noviembre de 1969 entre la Universidad de Los Ángeles, California (UCLA), y el Instituto de Investigación de Stanford, SRI (*Stanford Research Institute*). Durante algún tiempo, ARPANet fue dividido en Milnet y una nueva ARPANet. Milnet conectaba los sites militares y la nueva ARPANet otros sites, sobretodo del entorno universitario. En la década de 1980, ARPANet fue sustituido por una nueva red militar separada, el Defense Data Network (DDN) y el NSFNet, red de ordenadores científicos y académicos fundada por la NSF (*National Science Foundation*). Se desarrolló también un nuevo protocolo de comunicaciones, el TCP/IP, que permite realizar un gran número de interconexiones.
En 1995, NSFNet se convirtió en el *backbone* de Internet, con un consorcio de proveedores de backbone como Sprint, MCI, PSINet, UUNET, ANS/AOL y AGISNet99. Después se extendió a la investigación y el desarrollo, las universidades y centros educativos, y más tarde alcanzó a todos los sectores comerciales y sociales.

ARPU
(*Average revenue per user*)
Ingreso medio que obtiene un negocio de Internet por usuario y año (en ocasiones se mide mensualmente). Por ejemplo, se aplica en los proveedores de servicios de Internet (Internet Service Provider) para conocer la media de ingresos que obtienen de sus suscriptores.

Arroba
Véase @.

Articles
Denominación que reciben los mensajes colocados en los newsgroups para ser leídos por sus lectores.

Artificial intelligence
Véase *Inteligencia artificial*.

ASCII
(*American Standard Code for Information Interchange*).
Archivos que utilizan los 128 caracteres alfanuméricos y caracteres de control especiales que pueden codificarse con los siete dígitos binarios (código de siete bits). Los 128 códigos ASCII estándar representan números de 7 dígitos que van del 0000000 al 1111111. Algunos protocolos de Internet sólo soportan texto en 8-bits, como los correos sencillos y los newsgroups. El set de caracteres ASCII extendido también consiste en 128 números decimales con rangos desde 128 a 255, representando caracteres especiales, matemáticos, gráficos y extranjeros. Los archivos de procesamiento de textos que incluyen caracteres especiales se co-

difican con 8 dígitos binarios. El formato ASCII es uno de los más comunes, ya que son archivos de texto que no contienen información de formato y no necesitan programas especiales para acceder a ellos, por lo que pueden ser leídos por la mayoría de los ordenadores. Se conocen también como archivos planos de texto o archivos ASCII. El código ASCII permite asignar un número a cada tecla del teclado del ordenador. De los 256 caracteres, los 128 primeros son estándar y los 32 primeros, códigos de control; los 96 siguientes son caracteres estándar que representan números, letras del alfabeto romano (mayúsculas y minúsculas) y marcas de puntuación y caracteres especiales. Los últimos 128 caracteres representan diferentes cosas en distintas plataformas.

ASCII *file*
Véase *ASCII*.

ASCII *text file*
Véase *ASCII*.

Asia Pacific Network Information Center
Véase *APNIC*.

Ask Jeeves
Interesante buscador que permite realizar preguntas de búsqueda como si estuviéramos hablando con otra persona. Por ejemplo, para buscar hoteles en Londres, en un buscador normal se escribirá «hoteles & Londres», mientras que en Ask Jeeves se escribe «quiero información de hoteles modernos en la ciudad de Londres». Por tanto, la pregun-

ta se hace en lenguaje natural. Como respuesta se recibirá el listado de hoteles de la ciudad. El sistema se va alimentando de las preguntas de los usuarios, y cada vez es más efectivo. Ask Jeeves fue creada en 1996, en California, por Garrett Gruener y David Warthen. En 1997 se lanzó su primera web site, www.askjeeves.com, a la que siguió en 1998 www.ajkids.com, dirigida al entorno infantil.

Puede visitarse en www.ask.com.

Asociación de Internautas

Asociación española fundada en octubre de 1998. Su origen, como puede leerse en sus páginas, se basa en la defensa de los intereses de los internautas por una tarifa mensual fija de conexión a Internet. Esta tarifa se convirtió en una realidad dos años después.

En enero de 1997, la «Plataforma Tarifa Plana» convocó una «huelga de teléfonos caídos» para reivindicar la tarifa plana. Durante el siguiente año y medio aumentó la preocupación, hasta que en agosto de 1998 el Gobierno aumentó las tarifas, afectando sensiblemente a los usuarios de Internet. Siguieron las reivindicaciones hasta que cuatro plataformas importantes se unieron en esta asociación. Se prometió una tarifa plana para mediados del año 2000. www.internautas.org.

Asociación de Usuarios de Internet

Véase *AUI*.

ASP

(*Active Server Pages*).

Tecnología desarrollada por Microsoft que permite combinar en un entorno abierto HTML, JavaScript, Microsoft VBScript y componentes ActiveX, desde su propio software de servidor web (Microsoft Internet Information Server), creando soluciones basadas en web muy potentes.

Cuando el navegador solicita una página ASP, el servidor web genera una página HTML a medida y la envía de vuelta al navegador. Las páginas creadas con esta tecnología utilizan la extensión ".asp". ASP es más fiable que los CGI cuando se debe manejar un gran numero de solicitudes de clientes.

ASP

(*Application Service Provider*)

Los ASP son empresas, en muchos casos proveedores de servicios de telecomunicaciones, que ofrecen el uso de software de aplicaciones a otras compañías, alojándolo en sus servidores e instalaciones. Las compañías sólo deben pagar por su uso, y acceden a él a través de Internet. Por ejemplo, una empresa puede utilizar un programa de contabilidad alojado en un ASP de manera remota.

Asynchronous Transfer Mode
Véase *ATM.*

At
Véase @, *arroba.*

At sign
Véase @, *arroba.*

ATM
(*Asynchronous Transfer Mode*)
Comunicación entre dos ordenadores, en la que las señales son enviadas a intervalos irregulares o asíncronos. Los datos son transferidos a intervalos y cada carácter va precedido con un bit de inicio y seguido por un bit de stop. Este tipo de transmisión permite que un carácter sea enviado con un lapso de tiempo desde el carácter anterior, sin tener en cuenta el tiempo. Si en la línea hay ruido, el módem puede buscar el momento adecuado para enviar el siguiente byte. Los tamaños de los paquetes son pequeños y fijos y las decisiones de enrutado, manejo y prioridad, inteligentes. Esto permite que algunos datos, como los de vídeo o voz, sean ensamblados de manera rápida y eficaz. También se denomina *fast packet* en referencia a su elevada velocidad.

Attachment, attached file - Archivo adjunto
Uno o más archivos incluidos en un mensaje de correo electrónico. Es posible incluir archivos en la mayoría de programas de correo electrónico. El archivo adjunto se traduce en texto ASCII a través de MIME o BinHex, y se envía a través del correo. Cuando el receptor recibe el correo electrónico con el archivo adjunto, su software de correo electrónico lo traduce en un archivo que recupera la forma original. Ello permite enviar y recibir todo tipo de archivos a través del correo electrónico. Los archivos pueden incluir documentos, gráficos, audio, vídeos, etc.

.au
Archivo de audio común desarrollado por Sun Microsystems para sistemas UNIX. Otros formatos conocidos son MIDI y WAV.

Audio, archivos de audio - Sound files
Archivos digitalizados que, al activarse, reproducen la voz o la música. Los formatos más estándar de archivos de audio son: sólo de audio: au, .mid y .wav; de audio y vídeo: .avo, .mov, .mpg, .qt (QuickTime)

Audio/video Interleaved
Véase *.avi.*

AUI
(Asociación de Usuarios de Internet). Organización sin ánimo de lucro fundada en julio de 1995 y destinada a promover el uso y conocimiento de Internet. Cualquier usuario de Internet puede asociarse pagando una cuota anual. Puede visitarse en www.aui.es.

AUP
(*Acceptable Use Policy*).
Reglas formales que los usuarios de Internet deben tener en cuenta para no molestar a los demás usuarios. Las más importantes son:

1 No debe ponerse material ilegal o prohibido, así como determinado material pornográfico de acceso libre.

2 No utilizar Internet para violar las leyes.

3 No romper la seguridad de otros ordenadores de la Red.

4 No enviar correos masivos o no autorizados (spam).

5 No enviar gran cantidad de información a servidores con el fin de bloquearlos.

6 No colocar anuncios publicitarios en lugares prohibidos, como los *newsgroups*.

En muchos casos, la violación de alguna de estas normas por los usuarios es castigada por el ISP con la baja en el servicio de acceso. En los casos más graves se emprenden acciones judiciales contra los infractores, como en el caso de la pornografía de menores de edad.

Las normas AUP son establecidas por los ISP, universidades, redes y otras organizaciones que ofrecen servicios de Internet, y el usuario está obligado a aceptarlas.

Hasta 1994, la NSFnet no permitía las actividades comerciales y no académicas en la Red, pero como la norma era conculcada de manera persistente, fue eliminada, permitiendo el desarrollo del actual Internet de negocios.

Véase *Netiquette*.

Autenticidad - *Authentication*

E*TRADE User Name:	Password:
	LOG ON ►
Members: Forgot your password?	

Método para identificar a una persona antes de permitir su acceso, cambio o anulación de un recurso del sistema o la Red. Por lo general depende de una contraseña (*password*), identificación de usuario (*user-ID*) clave, tarjeta con clave (*card-key*) u otro sistema para comprobar y certificar que el usuario que pretende el acceso es el autorizado.

Normalmente, los sistemas de identificación requieren un *login* (*user-ID*) y una contraseña, y tras teclearlos correctamente se permite el acceso. En el ejemplo podemos ver el sistema de autenticación para entrar a operar en E*Trade; si hemos olvidado nuestra contraseña, existe un enlace a un sistema de recuperación.

Auto-response, autoresponder, auto-response mailbox

De	"Registration at BizBuyer.com" <registration@bizbuyer.com>
Fecha	Miércoles, Mayo 17, 2000 1:39 am
Asunto	Welcome to BizBuyer.com

Dear Member,

Thank you for registering at BizBuyer.com. I believe you'll find that our online marketplace is a valuable, time-saving resource. Now purchasing decisions that once would have taken days, weeks, or even months, only take a click of the mouse.

By connecting you with thousands of pre-qualified sellers free of charge and providing you with competitive quotes, I'm positive that BizBuyer will help you make the right purchasing decisions-fast.

Visit us at http://www.bizbuyer.com.

Sistema de correo electrónico para responder a un mensaje de correo electrónico o a la solicitud de una suscripción o alta en un servicio de una web site. Los mensajes de respuesta suelen estar predefinidos. Por ejemplo, si enviamos un correo electrónico solicitando un libro a una empresa editorial en Internet, podemos recibir un correo de respuesta agradeciéndonos la compra y recomendándonos otras lecturas similares. Este correo es completamente automático y se suele enviar inmediatamente.

Autoría - *Authoring, web authoring*
Proceso de creación de páginas web mediante código HTML u otros. Incluye áreas de maquetación, diseño y escritura.

Autoridad certificadora -
Certification Authority
Organización o empresa que emite certificados digitales destinados a asegurar la identidad de sus titulares para su utilización en transacciones electrónicas o en temas relacionados con la firma digital. Por ejemplo, www.ace.es, www.feste.es
Véanse *Cifrado, Criptografía, Descifrado, firma digital* y *PGP.*

Avatar
Palabra de origen hindú, que significa la reencarnación de un dios en forma humana o de animal. Es muy conocido por la leyenda del dios Visnú y sus diez reencarnaciones, las nueve primeras ya realizadas y en las que siempre hizo el bien sobre la Tierra.
En Internet, es la representación gráfica (icono) de una persona en un chat, un entorno de 3D (tres dimensiones) o un juego. Es la forma que se adopta cuando se entra en el mundo digital; se puede aparecer representado por un dibujo de un animal u objeto, por una caricatura, etcétera.

Average revenue per user
Véase *ARPU.*

.avi, AVI
(*audio/video Interface*), (*Audio/Visual Intervaled*)
Formato creado por Microsoft, que permite archivar digitalmente vídeo de calidad, compuesto por imágenes y sonido que se almacenen alternativamente. Los archivos pueden incorporarse a presentaciones (por ejemplo, las que se realizan con Microsoft PowerPoint) o a páginas web.
Los documentos almacenados en este formato se guardan con la extensión «.avi» y necesitan un reproductor compatible, que suele estar incluido en nuestro navegador, o que podemos descargar desde Internet.
Otro formato de uso frecuente es QuickTime, desarrollado por Apple.

B2B

(*Business to Business*). Relaciones entre empresas en Internet.

B2C

(*Business to Consumer*). Relaciones entre empresas y particulares en Internet.

B2E

(*Business to Employee*). Relaciones entre la empresa y el empleado en Internet.

Back button

Botón situado en la barra de herramientas del navegador, que permite volver a las páginas ya visitadas.

Backbone

(Columna vertebral). Principal red internacional de telecomunicaciones, la columna vertebral que distribuye el tráfico de Internet a otras redes nacionales, regionales y locales. // **2.** Línea de alta velocidad o series de conexiones que forman una trayectoria principal dentro de una red.

Backbone guarda una gran similitud con la columna vertebral y el sistema nervioso anexo. En Internet es la columna vertebral de las conexiones y transferencias, y el nivel máximo de una red jerárquica; el resto de las redes se conectan al backbone. Son líneas de gran capacidad y velocidad, por lo general de fibra óptica. La red original,

establecida por la NSF (National Science Foundation) de Estados Unidos, cuenta en la actualidad con numerosos backbones de proveedores de telecomunicaciones, como MCI, Sprint, UUNET o AT&T. Por lo general, los ISP que ofrecen servicios de acceso a Internet pagan a su vez una cuota por un acceso que acaba en el backbone, y revenden el servicio a los usuarios.

Background

Véase *Fondo*.

Bandwidth

Véase *Ancho de banda*.

Banner

En Internet, anuncio publicitario. Sus formas suelen ser rectangulares (la más frecuente) o cuadradas, y casi siempre presentan movimiento en forma de imágenes secuenciales que se repiten ininterrumpidamente (GIF animado); esta animación del anuncio atrae a más visitantes que las imágenes estáticas. Los banners rectangulares pueden tener diferentes tamaños, siendo los más comunes de 460 × 60 píxeles y 120 × 90. Como anuncio publicitario, suelen ser de pago, pero en ocasiones se ponen gratuitamente, en forma de intercambio de banners entre dos web sites. Por lo general, se encuentran en web sites comerciales o esponsorizadas. Si el visitante de la página hace un click sobre el banner (son links), accederá a la web site anunciada o a la oferta. Suelen encontrarse en las partes superiores e in-

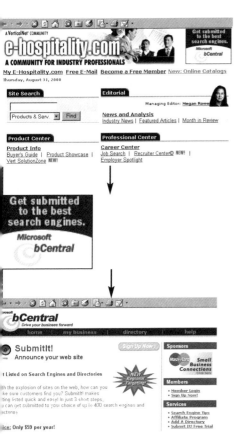

feriores de las páginas (banner rectangulares) o en los laterales (banners cuadrados). La forma de medir los impactos publicitarios es la de banner views o banner vistos en esa web site de nuestro anuncio. Una medida publicitaria más precisa es la de los usuarios que hacen click sobre el banner y visitan al anunciante.

En el ejemplo, puede verse el web site del Portal vertical www.e-hospitality.com, con un banner de 120 × 90 píxeles en la parte superior derecha. Si se marca el banner, se accederá a la página de http://site-manager.bcentral.com.

Barra de desplazamiento - *Scroll bar*

En Internet, las barras de desplazamiento están situadas en los lados derecho e inferior del navegador, y permiten desplazarse por la página de arriba abajo (barra derecha) y de izquierda a derecha (barra inferior). Las barras largas son las de desplazamiento, y los cuadrados pequeños con la flecha permiten desplazarse lentamente.

Barra de estado - *Status bar*

Barra situada en la parte inferior del navegador, debajo de la de desplazamiento, que indica el estado de la orden que se ha dado al navegador.

Algunas de las acciones que muestra son:

– Cuando se envía un correo electrónico, indica, mediante cuadrados que van completando la barra, el estado de envío.

– Cuando se pasa el ratón sobre un enlace, muestra la dirección del mismo.

– Cuando se busca una página, indica si la está buscando, si la ha encontrado o si la está descargando.

Barra de herramientas - *Toolbar*

Fila de botones situados bajo el menú que permite realizar las funciones más habituales sólo con pulsarlos. Por ejemplo, la barra de herramientas permite volver a una página ya visitada, refrescar la página en la que nos encontramos o entrar en nuestros favoritos.

Base de datos - *Database*
Archivo estructurado que contiene, ordenados, los datos, imágenes, películas y otros documentos que han sido clasificados en campos. Permite acceder mediante diferentes niveles y sistemas de búsqueda. Desde el punto de vista del usuario de Internet, permite acceder de manera ordenada a una gran cantidad de información. Por ejemplo, cuando se solicita una búsqueda en una de las web sites especializadas, se accede a una base de datos que proporciona la información.

Base de datos distribuidas - *Distributed database*
Grupo de bases de datos situadas en diferentes áreas, que para el usuario funcionan como una unidad.

Baud rate
Velocidad de transferencia de datos que se utiliza, entre otros fines, para medir la velocidad de un módem.
Véase *Baudio*.

Baudio - *Baud*
(Del apellido de Jean-Maurice-Émile Baudot, ingeniero francés fallecido en 1903, que fue el primero en utilizarlo para medir la velocidad de transmisión de las señales telegráficas).
Cambio de estado electrónico por segundo. Es la medida que se suele utilizar para medir la velocidad de los módem u otros aparatos capaces de transmitir datos, que se mide técnicamente en número de eventos, o cambios de señal por segundo. En general, la cantidad de baudios por segundo (*baud rate*) muestra el número de bits que puede enviar o recibir un módem por segundo. Aunque técnicamente es incorrecto, baudios y bits por segundo se han utilizado indistintamente. La frecuencia de baudios (*baud rate*) suele confundirse erróneamente con el número de bits por segundo (bps). Antiguamente, cuando se utilizaban módem de 300 baudios, cada señal representaba un bit de información (la señal sólo podía tener dos estados) Por tanto, el baudio y la velocidad de transferencia de un módem (medido en bits por segundo, bps) eran lo mismo: 300 baudios equivalían a 300 bits por segundo. Sin embargo, esto cambió con los módem de mayor velocidad. Un módem a 1.200 bits por segundo, funciona a 300 baudios, pero mueve 4 bits por baudio; 4 bits por 300 baudios: 1.200 bits por segundo. Un módem de 28.800 trabaja a 2.400 baudios, pero cada señal lleva 12 bits de información, y la velocidad de transferencia de datos es de 28.800 bits por segundo. Los módem más conocidos son de: 2.400, 9.600, 14.400, 28.800, 33.600 y 56.000 bps, y son estos últimos los más utilizados en la actualidad. Se denominan también en kilobytes por segundo, por ejemplo, 28,8 Kbps. Las líneas RDSI permiten 64 o 128 Kbps y las T1, 1,45 Megabits por segundo.

BBBOnLine
(*Better Business Bureau On Line*)
Empresa filial de Better Business Bureau, fundada en 1997, cuyo objetivo es promover la intimidad en Internet. Las empresas de Internet que se acogen a su programa BBBOnLine Reliability deben tener una antigüedad de por lo menos un año y

aceptar los estándares de publicidad de BBB y los sistemas de resolución de disputas. La presencia del sello de BBBOnLine garantiza que la web site que se está visitando observa las normas establecidas. Para el sector infantil existe un sello «BBBOnLine Kid's Privacy» que garantiza el acuerdo de la empresa que lo muestra respecto a las normas éticas relacionadas con la intimidad infantil. En las imágenes pueden observarse los tres logos que figuran en las páginas adscritas al sistema. Puede visitarse en www.bbbonline.org.

BBS
(*Bulletin Board System/Service*).
Servicio informático privado (suele ser un único ordenador, Mac o PC) que comenzó a difundirse en la década de 1970. Los usuarios pueden acceder a él a través de conexión telefónica o por Internet, y les permite enviar y recibir mensajes de correo electrónico, acceder a grupos de mensajes, grupos de discusión, juegos, bases de datos, archivos e incluso compras, de ma-

nera que puedan compartirlos. Por lo general, las BBS cubren áreas específicas de interés o zonas geográficas determinadas, y son creadas y mantenidas por aficionados particulares o empresas muy pequeñas, aunque muchas son propiedad de instituciones educativas, gubernamentales y de investigación. Hasta hace pocos años existían más de 50.000, que cubrían los temas más variados, como ocio, educación, legislación o juegos. Algunas son gratuitas, pero la mayoría cobran una cuota por el acceso en modalidad de suscripción y suelen ser utilizadas por usuarios de una misma zona, ya que las llamadas que realizan son locales. Los usuarios de otras zonas que deseen acceder a una BBS deben soportar unos gastos telefónicos muy elevados.
La mayoría de las BBS se han conectado a Internet e incluso prestan servicio de acceso al mismo, y es probable que en breve plazo todas acaben en Internet. También puede accederse a las BBS por Telnet, eliminando los costes de llamadas de larga distancia para los usuarios que se conectan desde zonas fuera del área. Las BBS ofrecen comunicación en grupo similar a la de listsev y usenet news.

bcc:, to bcc:
(*Blind Carbon Copy*).

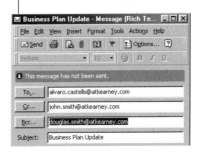

Bean

Dícese del mensaje de correo electrónico enviado, además de a su destinatario, a una o varias personas más, las cuales podrán leerlo sin que el destinatario tenga constancia de ello.
Véase *cc:*.

Bean
Véase *JavaBean*.

Berkeley Internet Name Domain
Véase *BIND*.

Berners-Lee, Tim

Físico británico, graduado en la Universidad de Oxford que en 1989 inventó la World Wide Web mientras trabajaba en el CERN. En 1990 escribió el primer cliente y servidor web, con la mayoría del software de comunicaciones, definiendo URL, HTTP y HTML. A continuación desarrolló su carrera en el MIT (Massachusetts Institute of Technology) y dirigió el World Wide Web Consortium, un foro abierto de empresas y organizaciones cuyo objetivo es dotar a la Web de todo su potencial. Ha sido designado por la revista *Time* como una de las cien personalidades del siglo.

Beta, test beta - *Beta, beta test*
Dícese del programa informático que no ha sido suficientemente probado para ser comercializado y que, probablemente, necesita subsanar algunos defectos (bugs). Recibe la denominación de «en beta», «beta test» o en «prueba beta». La versión beta de un software suele probarse tanto en la compañía fabricante como en colaboración con desarrolladores e integradores informáticos (*beta testers*), o incluso con usuarios finales, antes de su lanzamiento al mercado. Además de para las pruebas en software, el término se puede utilizar también para hardware, web sites o servicios. La prueba beta se realiza tras la alfa –alfa y beta son las dos primeras letras del alfabeto griego. Por lo general, la prueba beta incluye pruebas de sistema y componentes, que se realizan en la propia empresa, y es la prueba previa a su comercialización, por lo que se distribuye fuera de la empresa.
Véase *Alfa*.

Biblia - *Bible*
En informática, dícese del libro que contiene todos los conocimientos sobre una determinada materia, sea un sistema operativo, programa o plataforma. Por ejemplo, *La Biblia del Macintosh*, *La Biblia de Internet…*

Binario - *Binary*
Sistema numérico compuesto por «0» y «1», combinados para representar datos de ordenador. Todos los sistemas informáticos utilizan códigos binarios compuestos por 8, 16 o 32 dígitos. Todos los caracteres del teclado están formados por 8 dígitos binarios. Por ejemplo, el có-

digo «01000001» representa la letra A y el «00000010», el número 2.
Véase *ASCII, Bit.*

Binary digit
Véase *Bit.*

Binary files
Véase *Archivo binario.*

BIND
(Berkeley Internet Name Domain)
Implantación de los protocolos DNS (Domain Name System) que permiten capacidades de bases de datos distribuidas, de tal manera que muchos servidores DNS trabajan conjuntamente para traducir nombres de dominio de Internet en direcciones IP. Ha sido desarrollado por la Universidad de California, en Berkeley. Véase *DNS.*

BinHex
(BINary HEXadecimal)
Sistema para convertir archivos no ASCII (por lo general de Apple Macintosh) en formato ASCII para su utilización en correo electrónico. Véase *MIME* y *UUEncode.*

Bit
(Abreviatura de *Binary Digit* - Dígito Binario)
La unidad de datos más pequeña que maneja un ordenador, representado por «0» y «1», que indican «off» y «on», respectivamente. Ocho bites componen un *byte.* La «b» minúscula se utiliza en las abreviaturas para indicar bits, y la «B» mayúscula, bytes. Por ejemplo, Kbps son mil bits por segundo, y esta cifra multiplicada por ocho, da KBps o mil *Bytes* por se-

gundo. Un módem de 28,8 Kbps puede transmitir 28,8 miles de bits (Kilobits) por segundo; por tanto, la capacidad de transmisión se mide en bits por segundo, mientras que el almacenamiento de datos se mide en bytes.
Medidas para bits:
1 Kb (Kilobit): 1.024 bits,
1 Kbps (Kilobit por segundo):
1.000 bits por segundo.
1 Mb (Megabit):
1.000 Kb o 1.048.576 bits,
1 Mbps (Megabit por segundo):
1 Megabit por segundo, 1.000.000 bits por segundo.
Medidas para bytes:
1 KB (Kilobyte): 1.000 bytes,
1 KBps (Kilobyte por segundo),
1.000 bytes por segundo.
1 MB (Megabyte): 1.000 Kilobytes,
1 MBps (Megabyte por segundo).
1 GB (Gigabyte): 1000 Megabyte,
1 GBps (Gigabyte por segundo).
1 TB (Terabyte): 1.000 Gigabyte,
1 TBps (Terabyte por segundo).
1 PB (Petabyte): 1.000 Terabyte,
1 PBps (Petabyte por segundo).
Véase *Byte.*

Bitmap, archivo bitmap, imagen bitmap - Bitmap file
Formato de imagen definido por puntos en pantalla o píxeles. La extensión de formato es «.bmp»

BITNET
(Because It's Time NETwork o *Because It's There NETwork)*
Red internacional informática (ya antigua) de varios miles de ordenadores princi-

pales dedicada a la investigación y temas educativos. Se utilizaba para correo electrónico, grupos de correo y transferencia de ficheros.

La red estaba separada de Internet, pero se podían intercambiar correos electrónicos entre las dos mediante puentes que unían BITNET con Internet. BITNET estaba gestionada por EDUCOM, con tres grandes áreas geográficas: BITNET en Estados Unidos y México; NETNORTH en Canadá; y EARN en Europa. Existen también conexiones en Asia y Sudamérica.

Los listservs, grupos de discusión por correo electrónico, surgieron en BITNET.

La red estaba formada por mainframes de IBM que utilizaban el protocolo RSCS y con sistema operativo VMS; no utilizaba protocolos sobre TCP/IP y ha sido desplazada por Internet.

Véase *CERN*.

Bits per second

Véase *bps*.

Biwe

Buscador español que puede visitarse en www.biwe.es.

.biz

(*biz newsgroup*).

Categoría superior de los usenet newsgroups (grupos de noticias) dedicados a temas de negocios. Otras categorías de *newsgroups* son alt (*alternative*), news, comp (*computer*), sci (*science*), talk, misc (*miscellaneous*), rec (*recreational*) o soc (*social*).

La mayoría de navegadores de Internet permiten acceder a estos newsgroups. Véase *Newsgroups*.

Blade Runner

Película futurista filmada en 1982 de Ridley Scott, con Harrison Ford, Rutger Hauer, Sean Young y Daryl Hanna como protagonistas.

Rick Deckhard acecha en la jungla de acero y tecnología de Los Ángeles, en el año 2019. Es un «*blade runner*» a la caza de un grupo de replicantes rebeldes que quieren ser humanos.

Es la película de culto en Internet junto con *Matrix*.

Blind carbon copy
Véase *bcc:*.

Blue Ribbon

(Lazo azul). EFF y otros grupos defensores de la libertad de expresión en Internet han difundido este símbolo por diferentes web sites, como soporte del derecho fundamental a la libertad de expresión.

BOL

(*Bertelsmann Online*). Compañía dedicada a la venta de libros, música, regalos y otros productos en Internet, perteneciente al grupo Bertelsmann. Es una de las tres librerías más importantes de Internet junto a la conocida Amazon y a Barnes & Noble. Comenzó sus actividades en Alemania y Francia, y más tarde abrió web sites en el Reino Unido, Holanda, España y Suiza. A mediados de 2000 ya estaba presente en catorce países, y ofrecía más de cinco millones de libros y 800.000 CD diferentes.
Puede visitarse en www.bol.com.

Bookmark, favorite, hotlist- Favorito
(Señal o punto de libro utilizado para señalar la página en que se interrumpe la lectura). En internet, el navegador permite realizar una función similar. Cuando se encuentra una página o web site interesante y a la que probablemente se volverá a acceder, se marca como un *bookmark* o un favorito, accediendo desde un menú desplegable del navegador. Simplemente con marcar la dirección, se puede solicitar directamente la página, sin necesidad de recordar las direcciones de dichas páginas.
Los *bookmark* pueden ordenarse en carpetas, lo cual constituye una gran comodidad cuando se ha almacenado un gran número. La lista de *bookmark* se denomina *booklist* o *hotlist*. Un buen consejo es darles un nuevo nombre antes de guardarlos (o después), ya que en ocasiones los nombres son demasiado largos o no permiten identificarlos fácilmente con la página que se desea almacenar.
Los navegadores actuales más conocidos incorporan una serie de favoritos con los que suelen establecer acuerdos; son empresas de la propia compañía fabricante del navegador o direcciones que pueden ser útiles en la navegación.

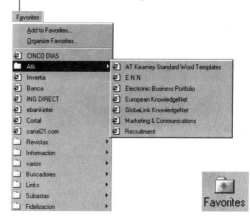

Microsoft los suele denominar favoritos; Netscape, *Bookmarks*, y Mosaic y Opera, *Hotlists*. En Microsoft y Netscape, para añadir un *bookmark*, basta con acceder a la parte superior del navegador, y en el menú «Favoritos» o *bookmark*, marcar en «Agregar a favoritos», (*add bookmark*) y se abrirá una pantalla con el nombre de la página (que se puede renombrar). Con marcar «aceptar» pasará a nuestra carpeta. Para acceder a ellos se puede abrir el menú desplegable o bien el icono de nuestro navegador.

Bookmark list
Véase *Bookmark*.

Bookmarking

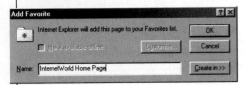

Acción de guardar las direcciones más utilizadas en la carpeta de bookmark o favoritos.

Boolean, boolean operators
(Operadores booleanos). Palabras o símbolos que permiten al usuario realizar búsquedas más precisas. Los más comunes son *and*, *or* y *not*, que permiten restringir o ampliar la búsqueda. En las búsquedas se utiliza *and* entre dos palabras para indicar que los documentos que se buscan deben contener ambas palabras. Se utiliza *or* para localizar documentos que contengan al menos una de las dos palabras. Por ejemplo, si se busca información sobre librerías y España, y se coloca la palabra *and*, la búsqueda se restringe a web sites y páginas que reúnen ambos conceptos.

Los algoritmos de búsqueda booleanos se basan en las teorías de álgebra del matemático británico George Boole (1815-1864), especialista en cuestiones de lógica y matemáticas.

Boolean logic
Véase *Boolean*.

Boolean search
Véase *Boolean*.

Bot
(Abreviatura de robot)
Véase *Spider*.

Bottleneck
Véase *Cuello de botella*.

Bounce, bounce message, bounced mail
Dícese de la devolución o rebote (*bounce*) de un correo electrónico que ha sido rechazado por diferentes causas. Las más frecuentes son:
- El nombre del usuario o del dominio incorrectos.
- El destinatario no existe.
- El correo contiene documentos de gran tamaño que superan la capacidad del buzón de correo del receptor. Esto suele ocurrir con usuarios que utilizan correos limitados a 5 o 10 MB de capacidad, como los de los correos gratuitos en web.
- Fallo en la red o en el servidor.

El correo es devuelto con el mensaje Undeliverable mail o Message Undeliverable. Este mensaje es generado automáticamente por el postmaster.

bps
(bits por segundo).
Símbolo de baudios por segundo. Se utiliza para indicar la velocidad de transmisión de los datos en los módem y carriers. La velocidad en bps es igual al número de bits por segundo que se envían o reciben. Se utilizan medidas superiores para hablar de transmisiones de datos a mayor velocidad. Éste es el caso de kilobits por segundo o kbps, que equivale a 1.000 bps, o de megabit por segundo (Mbps), que equivale a 1.000.000 de bps. Los módem antiguos enviaban 300, 600, 1.200, 2.400, 9.600, 14.400 y 28.800 bps. Los módem actuales transmiten 33,6 y 56 Kbps a través de líneas telefónicas convencionales (RTC). Las RDSI ofrecen velocidades de 128 Kbps, los módem de cable suelen operar a 256 o 512 Kbps, los ordenadores con conexiones Ethernet operan a 56 Kbps o a 1 MB y el backbone de Internet, a 45 MB.
Otra medida relacionada es la de «número de caracteres transmitidos por segundo» o cps, resultante de dividir entre 10 el número de bps. Así, por ejemplo, un módem de 14.400 bps transmite 1.440 cps.

Broadband
Canal de transmisión de alta velocidad y capacidad que permite transmitir simultáneamente vídeo, voz y datos. La transmisión se realiza a través de cables coaxiales o de fibra óptica, que permiten mayor ancho de banda que las líneas telefónicas convencionales.
Véase *@Home* y *@Work*.

Browser
Véase *Navegador*.

Browser war
Véase *Guerra de navegadores*.

Bug
Error de programación que en determinadas acciones provoca un mal funcionamiento del software que se está utilizando. Puede tratarse desde errores mínimos que apenas afectan al programa, hasta fallos que lo bloquean o producen errores en el sistema operativo.
Recibió este nombre en alusión a los daños que provocó un insecto (*bug*) en el circuito de un ordenador.

Bulletin board
Véase *BBS*.

Buscador - *Searcher*

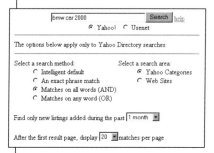

En Internet, software que permite buscar páginas y web sites mediante su consulta en bases de datos. En general, se refiere tanto a web sites como a zonas de las mismas destinadas a realizar búsquedas. Las búsquedas se realizan mediante palabras claves. Cuando Internet comenzó a crecer de manera desmesurada, y el número de web sites existente hacía poco menos que imposible localizar la información, comenzaron a aparecer particulares y pequeñas empresas que creaban listas (o directorios) con las diferentes web sites clasificadas por temas, y más tarde se incorporaron los motores de búsqueda. Muchas web sites incluyen tanto un directorio como un buscador, generalmente mezclados.

Unos buscadores permiten localizar web sites y otros páginas concretas de esas web sites. También hay buscadores especializados que localizan información de temas concretos como, por ejemplo, golf o empresas. Otros incorporan los contenidos de los newsgroups. Los buscadores se nutren tanto de la información que envían los responsables de las web sites, por lo general rellenando un formulario incluido en la página del buscador, como mediante robots, *bots* (abreviatura de robot), arañas (*spiders*) o *crawlers* que rastrean en Internet en busca de las nuevas web sites o para eliminar de las bases de datos las que han desaparecido. Cuando los robots realizan la búsqueda, para clasificar las web sites suelen prestar especial atención a las palabras del título y a las descripciones y palabras claves que se añaden en los *metatags* colocados al principio de las páginas. Los *metatags* no suelen verse cuando se presenta la página en el navegador, pero sí cuando visualizamos el código HTML. Otros buscadores se basan en el número de veces que aparecen las palabras en la página para hacer la clasificación o bien en buscadores manuales, personas que clasifican las páginas.

Los buscadores más conocidos han comenzado a modificar su estructura hasta convertirse en portales, añadiendo contenidos y vendiendo productos y servicios. Es el caso del paradigmático buscador Yahoo.

Los buscadores suelen incluir en sus páginas algunos consejos, pero es útil tener en cuenta los siguientes:

- Escriba las palabras en minúsculas, excepto las que comiencen con mayúscula (como un apellido).
- Ningún buscador contiene todos los contenidos de Internet, por lo que es interesante acudir a varios.
- Para facilitar la búsqueda, utilice varias palabras con «operadores booleanos». Si sólo escribe una palabra, corre el riesgo de recibir cientos o miles de respuestas. Pruebe con la palabra «Internet» en un buscador.

Ayudas para la búsqueda (pueden variar según los buscadores):

- Poner comillas encerrando las palabras que deben aparecer así (como frase) en los contenidos que se buscan («móviles última generación»).
- Colocar un «+» antes de la palabra que debe aparecer en los resultados de búsqueda (Historia+Inglaterra), o un «–» o «and not» si no debe aparecer (Historia–Inglaterra).
- «And» indica que ambos términos deben aparecer en los resultados (Historia and Inglaterra), «or» que al menos debe aparecer uno, y «near» que los términos deben aparecer cerca.

Ejemplos de buscadores:
- www.altavista.com
- www.excite.com
- www.hotbot.com
- www.infoseek.com
- www.lycos.com
- www.terra.com
- www.webcrawler.com
- www.yahoo.com

Éstos son algunos de los más conocidos, que contienen millones de web sites y páginas de Internet, pero hay miles en Internet, e incluso hay web sites con listas de buscadores tanto generales como especializados.
Véase *Boolean*.

Business 2.0

Revista aparecida en agosto de 1998 que se ha convertido en una de las preferidas de los usuarios de Internet. Incluye numerosos artículos sobre el mundo de los negocios y su evolución.
Puede visitarse en www.business2.com

Business angels, angels
(Esta figura no es exclusiva de Internet. Tal vez debería denominarse *e-Business angels* para adaptarla a este lenguaje). Personas adineradas que invierten en negocios (start-up) de otros. Por lo general, financian la realización de un proyecto, y de ahí la denominación de «ángeles empresariales».

Business to Business
Véase *B2B*.

Business to Consumer
Véase *B2C*.

Business to Employee
Véase *B2E*.

Búsqueda booleana - *Boolean search*
Véase *Boolean*.

Byte
Una unidad de medida para el almacenamiento de datos. Un byte consta de 8 bits y representa un carácter. La combinación de «0» y «1» representa números desde 0 a 255; de este modo, 10100110 compone un *byte* de información. Cada *byte* almacena un solo carácter de información, que puede corresponder a una letra, un número o un símbolo ($, ¿...). Se representa con una «B» mayúscula, para distinguirla de los *bits* (b): KBps significa mil bytes por segundo.
Un módem de 28,8 Kbps puede transmitir 28,8 miles de *bits* (Kilobits) por segundo. Por tanto, la capacidad de transmisión se mide en bits por segundo, mientras que el almacenamiento de datos se mide en bytes.
Medidas para *bits*:
1 Kb (Kilobit): 1.024 *bits,*
1 Kbps (Kilobit por segundo): 1.000 bits por segundo.

1 Mb (Megabit):
1.000 Kb o 1.048.576 bits,
1 Mbps (Megabit por segundo):
1 *Megabit* por segundo, 1.000.000 *bits* por segundo.
Medidas para *bytes*:
1 KB (Kilobyte): 1.000 *bytes,*
1 KBps (Kilobyte por segundo),
1.000 bytes por segundo.

1 MB (Megabyte): 1.000 *Kilobytes,*
1 MBps (Megabyte por segundo).
1 GB (Gigabyte): 1000 *Megabyte,*
1 GBps (Gigabyte por segundo).
1 TB (Terabyte): 1.000 *Gigabyte,*
1TBps (Terabyte por segundo).
1 PB (Petabyte): 1.000 *Terabyte,*
1 PBps (Petabyte por segundo).
Véase *Bit.*

C

Lenguaje de programación desarrollado en la década de 1970, destinado a la creación de aplicaciones profesionales.

C++

Lenguaje de programación basado en el lenguaje C, que incluye orientación a objetos.

C2C

(*Consumer to Consumer*).
En Internet, relaciones entre usuarios particulares, por lo general comerciales. Por ejemplo, las relaciones comerciales que se establecen cuando se realiza una compraventa de un producto de segunda mano entre particulares.

Caballo de Troya - *Trojan Horse*

El asedio de Troya por las tropas griegas duró más de diez años. Terminó cuando Ulises pactó un armisticio con los troyanos, y como señal de buena voluntad les obsequió con un enorme caballo de madera que éstos introdujeron en su ciudad. En el interior del caballo iban escondidos guerreros griegos que, al amparo de la noche, salieron de él y abrieron las puertas de la ciudad, lo que permitió la entrada de las tropas griegas y su conquista.
En informática, virus que recibe su nombre por su similitud con el caballo mitológico homónimo. Toma la apariencia de un juego de ordenador o de una utilidad, cuando en realidad su fin es infectar el ordenador. Cuando el usuario juega o utiliza la aplicación, el caballo de Troya elimi-

na ficheros completos del equipo, y puede llegar a destruir toda la información del disco duro. En otros casos, una persona ajena puede acceder a nuestro ordenador y ver o modificar los ficheros.
Véase *Virus*.

Cable coaxial - *Coax, coaxial cable*

Cable con dos conductores de cobre, uno dentro del otro, separados entre sí y del exterior por un aislante plástico. Es el tipo de cable utilizado para la antena de la televisión o en conexiones Ethernet.

Cable módem - *Modem cable*

Unidad de módem que se puede conectar al televisor u ordenador a través de la conexión local de cable, para acceder a Internet a una velocidad muy superior a la de los módem tradicionales.

Cable TV, CATV

Véase *Televisión por cable*.

Caché - *Cache*

En el entorno de Internet, zona de almacenamiento del ordenador en el que los navegadores más habituales (Microsoft y Netscape) almacenan las páginas que se han visitado recientemente, con sus textos, sonidos, URL, gráficos e imágenes. La caché permite acelerar los tiempos de visualización cuando se accede de nuevo a esas páginas o navegar por ellas offline, sin estar conectados a Internet, ya que la información no procede del servidor original, sino del disco duro de nuestro ordenador. Para estar seguros de visitar la última página ofrecida por el servidor, podemos limpiar la caché o hacer un refresco (*refresh, reload*) de la página.

Por lo general, es posible definir la cantidad de información que se desea destinar a caché. Es muy importante ajustar bien este espacio, ya que si el disco duro del ordenador está muy saturado, pueden presentarse problemas al colapsarlo con una memoria caché excesiva.

Algunos ISP mantienen también en caché las páginas más visitadas por sus clientes, lo cual acelera la visualización en nuestro ordenador.

CAD
(*Computer Aided Design*).
Programas de ordenador para diseñar objetos en dos y tres dimensiones. Son muy utilizados en arquitectura, urbanística, ingeniería y diseño de piezas de todo tipo. Uno de los más conocidos es AutoCAD.

Café Internet
Véase *Cibercafé*.

Canal 21

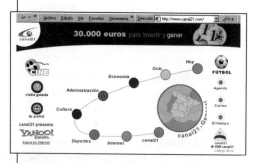

Portal español, el primero que ofreció la conexión gratuita a Internet, servicio que después incluyeron casi todos los portales. Dividido en regiones geográficas, permite conocer información local.
Puede visitarse en www.canal21.com.

Canarie
(*Canada's Advanced Internet Development Organization*).

Organización canadiense sin fines de lucro, con sede en Ottawa (Ontario), cuyo principal objetivo es el desarrollo del futuro de Internet en Canadá. Es la sección canadiense de Internet2, operativa desde el año 1993, y desarrolla la tecnología de red de fibra óptica DWDM (Dense Wavelenght Division Multiplexed), capaz de transmitir 40 Gigabits. Esta fibra multiplica el ancho de banda, conduciendo simultáneamente 32 colores diferentes de luz láser. Canarie dirige el diseño técnico de la red de fibra óptica. El consorcio está integrado por Bell Canada, Cisco Systems, JDS Fitel, Newbridge Networks y Northern Telecom Inc. (Nortel).
Puede visitarse en www.canarie.ca.
Véase *Internet2*.

Carbon copy
Véase *cc:*.

Carro de la compra - *Shopping cart*
Término procedente del supermercado tradicional y utilizado por la mayoría de los comercios en Internet. Indica que los productos elegidos se introducen en un ca-

Shopping Cart

your shopping cart

rro de compra virtual, del que se pueden retirar aquellos que no interesen. Casi todo el software de comercio electrónico incorpora un carro de la compra, por lo general representado por el icono de un carro real. Una vez que se ha entrado en él, aparece una lista con los productos seleccionados.

Determinadas web sites permiten almacenar las compras que se realizan de forma habitual con el fin de ahorrar tiempo en la selección de los productos. Esto es característico de los supermercados virtuales, en los que la lista de compra habitual suele sufrir pocos cambios.

Carta en cadena - *Chain letter*
Es habitual recibir correos electrónicos en los que se solicita su reenvío a otras personas. Para muchos, es una forma de *spam* entre personas conocidas. Hay diferentes clases de mensajes:
– Los que nos ofrecen covertirnos rápidamente en millonarios.
– Los de colaboración con una determinada causa mediante el envío de mensajes de protesta a una empresa, organismo público o representante de un país, y a todos nuestros conocidos para que se unan en la protesta.

– Los que apelan a nuestra sensibilidad y solicitan ayuda para un enfermo.
– Los que comunican la aparición de un virus informático.
Probablemente, algunos serán serios, pero la mayoría inducen a engaño.

Cascade
Correos de respuesta, en cascada, a un mensaje de USENET newsgroups.

Cascading Style Sheets
Mecanismo para añadir el estilo (fuentes, colores, etc.) en documentos web. También conocido con sus iniciales CSS.

cc:, To cc:
(*Carbon Copy*)
Función utilizada en el correo electrónico. *Carbon copy* representa el antiguo papel carbón que permitía obtener una copia del original escrito a máquina. En Internet, cuando se envía un mensaje, se pueden mandar cuantas copias se deseen utilizando el espacio de «cc:» para colocar las direcciones de correo electrónico, y todos los destinatarios tendrán constancia de ello, a diferencia de lo que ocurre cuando se utiliza «bcc:».
Véase *bcc:*.

CCITT
(*Comité Consultatif International de Telegraphie et Telephonie* o *International Consultative Committee for Telegraphy and Telephony*).
Acrónimo francés del grupo internacional de estandarización integrado en la ITU (*International Telecommunications Union*) de las Naciones Unidas. Es el encar-

gado de realizar las modificaciones técnicas mundiales en el mercado de las telecomunicaciones. Destacan las «V series», que establecen los estándares de los módem comerciales.

CD-ROM

(*Compact Disk Read Only Memory*). Sistema de almacenamiento que puede contener hasta 650 MB. En la actualidad, es el más utilizado para distribuir software.

Cello

Navegador para Windows de la Cornell Law School, que ha sido desplazado por los de Microsoft y Netscape.

Cerf, Vincent

Presidente de la ISOC (*Internet Society*), y uno de los inventores del TCPIP (*Transmission Control Protocol / Internet Protocol*), que permite a los ordenadores comunicarse a través de Internet.

CERN

(*Conseil Européen pour la Recherche Nucleaire*)

Organismo europeo con sede en Ginebra (Suiza) en el que nació la World Wide Web. En su seno, Tim Berners-Lee desarrolló en 1991 el HTTP (HyperText Transfer Protocol). Puede visitarse en www.cern.ch.

CERT

(*Computer Emergency Response Team*). Organización fundada en noviembre de 1988 por DARPA (*Defense Applied Research Projects Agency*), organismo del departamento de Defensa norteamericano. Se creó tras el incidente de Morris Worm, que afectó al 10 % de los ordenadores conectados a Internet.

Su principal objetivo es ofrecer soluciones a los problemas de seguridad informática que afecten a los servidores de Internet, así como realizar estudios para mejorar los sistemas de seguridad actuales. Ofrece servicios de soporte telefónico y por correo electrónico, y mantiene además listas de correo y un servidor FTP anónimo en el que se archivan documentos y herramientas relacionadas con la seguridad. En abril de 2000, la Universidad Carnegie Mellon creó el CMISS (*Carnegie Mellon Institute for Survivable Systems*), de la que es miembro el CERT. Puede visitarse en www.cert.org.

Certificado

Como explica la ACE, la función principal de un certificado es asegurar la validez de una clave pública. Por tanto, es muy importante estar completamente seguros de que la clave pública que se utiliza para verificar una firma o cifrar un texto, pertenece realmente a un determinado usuario. Sería nefasto cifrar un texto confidencial con una clave pública de alguien que no es el supuesto receptor. Si se hiciera, la persona a quien pertenece la clave pública con la que se ha cifrado el texto podría conocer su contenido. Asimismo, si se utiliza una clave pública de

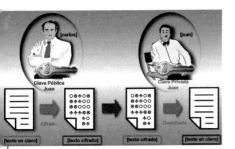

alguien que se hace pasar por otro, sin poderlo detectar, se podría tomar una firma fraudulenta por válida y creer que ha sido realizada por alguien que no es quien dice ser.

Para su correcto funcionamiento, los certificados contienen los siguientes campos:

– Un identificador del propietario del certificado.

– Otro identificador de quien asegura su validez, que será una autoridad certificadora.

– La fecha de inicio y finalización del período de validez del certificado. Una vez caducada la fecha de validez, no debe utilizarse la clave para cifrar o firmar.

– Un identificador del certificado o número de serie, que será único.

– La clave pública perteneciente a quien figura en el campo del primer identificador, el propietario y usuario del certificado electrónico.

– Firma de la autoridad certificadora en todos los campos del certificado, que asegura la autenticidad del mismo.

El certificado proporciona la autenticación de los participantes, la integridad de la transacción, la confidencialidad y su no repudio. Para comprender el proceso de obtención del certificado, la mejor explicación es un ejemplo de la ACE: Carlos, tanto para cifrar un mensaje como para verificar una firma de un texto de Juan, necesita disponer de la clave pública de éste. Para obtener esa clave pública, debe conseguir el certificado electrónico de Juan. Una vez disponga del certificado de Juan y la clave pública de la autoridad certificadora que asegura la validez del mismo, Carlos puede obtener de forma segura la clave pública sin ningún temor a que no pueda pertenecer a Juan. Para obtener el certificado de Juan, Carlos puede acceder al directorio y preguntar por éste para descargarlo y utilizarlo. Otra forma de obtener el certificado es que Carlos haya recibido algún mensaje de Juan, con el certificado incluido. Por lo general, el certificado viaja acompañado de una firma digital.

Véase www.ace.es.

Véanse *Autoridad certificadora*, *Cifrado* y *Firma digital*.

Certification Authority
Véase *Autoridad certificadora*.

CGI
(*Common Gateway Interface*)
Interfaz que permite definir cómo se comunica un servidor web con otro software en la misma máquina, y cómo la otra parte del software se comunica con el servidor. El programa CGI toma datos del servidor web y los utiliza, por ejemplo, para convertirlos en una búsqueda a una base de datos, generar contraseñas, procesar un formulario o crear un mensaje de correo electrónico. Por tanto, esta función aumenta la funcionalidad del web site. Los programas suelen estar escritos en PERL, C, C++ y Java.

Tal vez el ejemplo más claro y más utilizado en Internet sea la realización de una búsqueda. Poco después de introducir una palabra en una casilla de búsqueda de la página web, se recibirá una página personalizada con los resultados exactos de la búsqueda procedente del servidor web. Otro ejemplo conocido es el habitual «es usted el visitante número: xxxx» que aparece en la página principal de muchas web sites. Esta información se actualiza mediante un CGI al entrar en la página y reconocer que se realiza una nueva visita.

CGI-bin
Directorio del servidor web donde se almacenan los programas CGI; «bin» procede de binario (*binary*), ya que al principio la mayoría de los programas se denominaban binarios.

Chain letter
Véase *Carta en cadena*.

Channel
Véase *Habitación de chat*.

Chat
(*Conversational Hypertext Access Technology*).
Uno de los servicios más utilizados y extendidos de Internet. El software de *chat* permite a dos o más usuarios mantener una conversación en tiempo real, mediante el intercambio de mensajes; todos los usuarios tienen acceso a los mensajes que se van produciendo. Los mensajes se colocan escalonadamente y permiten mantener una conversación similar a la real. Las conversaciones se realizan en los *chats*

rooms o en los canales IRC. Los chats permiten mantener conversaciones con amigos, familiares o incluso desconocidos (esto es lo más habitual) de cualquier parte del mundo; es la versión moderna del radioaficionado.
Para acceder a los chats, es necesario obtener un acceso mediante un nombre, que puede ser ficticio, y será el que se utilizará en las conversaciones. En otras ocasiones hay que bajarse una parte de software al ordenador. Algunos programas de *chat* soportan tanto voz como el intercambio de archivos (fotografías e imágenes), otros permiten adoptar la forma de un avatar (personaje simulado con forma de dibujo o fotografía) en un entorno de realidad virtual, como si fuera un paisaje o una habitación real. Con el aumento de la velocidad en las telecomunicaciones, los *chats* con vídeo y sonido comenzarán a popularizarse.
En las web sites que ofrecen servicios de chats, normalmente se ha de seleccionar el tipo de habitación para conversar. Las habitaciones están ordenadas por temas: amistad, viajes, sexo, deportes... Han alcanzado gran popularidad los chats en los que personajes conocidos responden a las preguntas formuladas por los internautas.
Véanse *Avatar, IRC*.

Chat history
Transcripción de una sesión de chat, es decir, de todas las intervenciones de los participantes en una conversación.

Chat room
Véase *Habitación de chat*.

Chat server
Véase *Servidor de chat*.

Chatting - **Chatear**
Mantener conversaciones en un chat.

Check box, checkbox

```
Select shipping method. (Learn more)
⊙    Standard Shipping
     (Averages 2-12 weeks)

○    WorldMail
     (Averages 7-26 business days)
     WorldMail CAN be shipped to PO Boxes.

○    International Priority
     (Averages 1-4 business days)
     International Priority CANNOT be shipped to PO Boxes.
```

En los formularios de Internet, los checkbox pueden ser marcados para su envío personalizado. Por ejemplo, cuando se rellena una página de compra, para indicar cuándo se desea recibir la mercancía, se pueden marcar tres casillas: 24 horas, 48 horas o una semana. Cuando se marca en la casilla deseada, se está rellenando el checkbox. En el ejemplo, aparecen las opciones de envío de Amazon.
Véase *E-form*.

Churn
La pérdida de usuarios de un servicio suele aumentar ante competidores agresivos o cuando, tras la finalización del período de promoción, el cliente prefiere no utilizarlo más y buscar otra opción.

Ciber - **Cyber**
(Del griego *Kybernnân*, gobernar una nave, pilotar). Prefijo utilizado para describir temas relacionados con Internet, como ciberespacio, cibernauta o ciberperiódico. En la comunidad internauta se considera-

ra que quien utiliza este término es un novato (newbies).

Cibercafé - **Cybercafe**
Cafetería que ofrece a sus clientes servicio de conexión a Internet mediante ordenadores distribuidos por todo el establecimiento. Cobran una cantidad por hora de uso y ofrecen servicios accesorios (fax, correo electrónico, impresora color...). Los cibercafés son muy populares, y actualmente pueden encontrarse en casi todas las ciudades.

Ciberespacio - **Cyberspace**
Término acuñado por el escritor norteamericano de ciencia ficción William Ford Gibson (nacido en 1948) en su primera novela *Neuromancer* publicada en 1984, para describir un futuro informático con una avanzada red de ordenadores. Esta novela marcó una nueva tendencia y obtuvo tres prestigiosos premios de ciencia ficción. Estamos en el ciberespacio cuando navegamos por Internet. El término ciberespacio se utiliza para describir todos los recursos de información disponibles a través del ordenador.
Otros términos usados con un significado similar son Internet, World Wide Web, WWW, triple W o autopistas de la información (Information Superhighway).

Ciberpunk - **Cyberpunk**
Subgénero de ciencia ficción inspirado en las novelas de autores norteamericanos, y basado en sociedades del futuro. Su máximo exponente es William Gibson. // 2. Estilo de vida caracterizado por los juegos de ordenador, navegación por In-

ternet y una determinada actitud de rechazo al sistema.

Cibersexo - *Cybersex*
Cualquier tipo de actividad sexual en Internet.

Cifrado - *Encryption*
(En castellano se utiliza el término cifrar, pero el uso continuo de la palabra inglesa *encryption* ha difundido el término «encriptar», que es incorrecto).
Proceso de codificación de datos valiosos y confidenciales, de manera que sólo puedan ser abiertos con una llave y leídos (decodificados, descifrados) por las personas autorizadas. La llave es un algoritmo que invierte el trabajo del cifrado.
Se suele realizar mediante programas que transforman la información en código de bits difícil de traducir. En Internet, los navegadores y servidores suelen utilizar SSL (Secure Socket Layers) para proteger la información sobre el método de pago, como los datos de la tarjeta de crédito. Uno de los programas más utilizados es PGP (Pretty Good Privacy).
Para descubrir los documentos cifrados se utilizan ordenadores que intentan abrir las claves y acceder a la información. Cuanto más complejo sea el algoritmo de cifrado, más difícil será abrir los documentos.
La Agencia de Certificación Española (ACE) ofrece un buen ejemplo de cifrado: Juan dispone de dos claves, una pública y otra privada, que están asociadas, una se utiliza como complemento de la otra y viceversa, es decir, lo que una hace la otra lo deshace y al contrario. La clave públi-

ca, como su nombre indica, está al alcance de todo el mundo y, por tanto, todos pueden utilizarla. Por el contrario, la clave privada sólo puede ser conocida por Juan y sólo él puede utilizarla. Para el caso que nos ocupa, el cifrado, Carlos conoce la clave pública de Juan y quiere enviarle un texto cifrado, para que sólo él pueda leerlo. Aunque una tercera persona dispusiera del texto cifrado, le sería imposible decodificarlo.
Carlos cifra el documento con la clave pública de Juan. Éste recibe el texto cifrado y, mediante su clave privada, lo descifra y puede leerlo.
Con la técnica de cifrado, cualquiera que disponga de la clave pública de Juan puede enviarle un texto cifrado, y sólo él podrá descifrarlo con su clave privada.
Véase www.ace.es
Véanse *Autoridad certificadora*, *Criptografía*, *Descifrado*, *Firma digital* y *PGP*.

Cifrado 128
Sistema de cifrado de máxima seguridad, utilizado inicialmente en Estados Unidos para fines militares. A Europa llegó para uso bancario, y posteriormente se ha extendido a otras empresas, como la FNMT (Fábrica Nacional de Moneda y Timbre), que en 1999 lo utilizó para recibir las declaraciones de la renta por Internet.

Cisco

Compañía líder en el mundo en redes para Internet. Las soluciones de Cisco conectan personas, equipos informáticos y redes de ordenadores de todo tipo.

Click

Proceso de marcar con el ratón un enlace y visitar otra página. // **2.** Término muy utilizado en publicidad. Realizar un click en un anuncio (*banner*) consiste en pulsar sobre él para lograr acceso a la página solicitada. También se utiliza el término *clickthrough*, aunque principalmente se usa para indicar que el usuario ha recibido la página a la que se le dirige.
Véase *Click rate*.

Click-and-mortar

Dícese de las empresas que realizan negocios en Internet y en el mundo real. Las empresas tradicionales son las *brick-and-mortar* o «ladrillo y cemento». Estas empresas, presentes en los dos mundos, reúnen el *click* de la navegación con el *brick* del ladrillo y el *mortar* del mortero de la construcción, aprovechando su experiencia en ambas.
Véase *Pure player*.

Click rate

Número de veces (en porcentaje) que es pulsado un anuncio. Por ejemplo, si cien usuarios ven un banner publicitario en la parte superior de una página, y dos de ellos hacen click sobre él accediendo a la página del anunciante, el *click rate* del anuncio es del 2 %.
Excepto en algunos anuncios muy agresivos (pinche aquí y reciba un regalo), el *click rate* suele ser muy bajo, aproximadamente el 1 % y rara vez sobrepasa el 5 %. Se define también como el número de visualizaciones de *banners* (*ad views*) que dan como resultado *clickthrough*.

Click stream

Dícese de la secuencia de *clicks* (el recorrido) realizados por un usuario en las páginas de Internet. Estos datos permiten a los anunciantes y a los propietarios de las web sites mejorar la comunicación con los usuarios y optimizar los anuncios y contenidos.

Click through

Dícese del acceso a la página enlazada a través del click en un *banner* publicitario situado en una página web. Suele medirse en porcentaje (*click through ratio*). Este término está íntimamente relacionado con «click».

Clickable image

Gráfico incluido en una página HTML que está asociada a otra información y permite pinchar sobre ella. Por ejemplo, una imagen de un buzón de correos puede indicar que, si se pincha, se puede enviar un correo electrónico a la empresa de la web site.

Clickable image map, clickable map

Es un paso más sofisticado de clickable image, ya que permite que una misma imagen tenga diferentes zonas en las que se puede hacer click y acceder a otras áreas. Por ejemplo, si estamos viendo el mapa de una ciudad, podemos pinchar en diferentes áreas del mapa (monumentos, calles, establecimientos...) que acceden a información sobre esos temas relacionados.

Cliente - *client*

Programa informático que permite al usuario acceder a un servidor para solicitar la información que ofrece (relación cliente-servidor).
Un ejemplo es el uso de un navegador para solicitar la información existente en Internet (cliente Internet).

Cliente/Servidor - *Client/Server*

Relación existente entre programas que actúan en diferentes equipos dentro de una red de ordenadores. El servidor proporciona los servicios y contenidos, y el cliente los utiliza de modo remoto.

Cnet

Portal propiedad de CNET Networks, Inc. especializado en temas sobre informática, Internet y tecnologías. Es uno de los portales más completos.
Puede visitarse en www.cnet.com.

.co

Sufijo utilizado en el Reino Unido para representar a empresas. Se suele indicar el nombre de la empresa, seguido de «.co.uk». Por ejemplo, la tienda de Amazon en el Reino Unido tiene como dominio www.amazon.co.uk.

Coaxial cable, Coax

Véase *Cable coaxial*.

COBOL

(*COmmon Business-Oriented Language*). Lenguaje de programación desarrollado en la década de 1960 por el departamento de Defensa norteamericano y varias compañías informáticas.

Código binario - *Binary code*

Véase *Binario*.

.com

Sufijo de nombre de dominio. Es uno de los que se puede elegir cuando se solicita un registro de dominio. Las web sites que utilizan este nombre de dominio suelen responder a intereses comerciales. Es el más extendido en Internet, tanto por su universalidad como por su sencilla obtención.
Ejemplo: www.atkearney.com.

Comercio electrónico - *Electronic Commerce*

Realización de operaciones comerciales electrónicas en Internet de modo similar a las que se llevan a cabo en el mundo real. Por ejemplo, cuando compramos productos en una tienda en Internet y pagamos online, estamos practicando comercio electrónico.

CommerceNet

Organización norteamericana fundada en California en abril de 1994. Está integrada por más de seiscientas compañías y tiene delegaciones en numerosos países. Es un foro internacional que promueve, fomenta y acelera la utilización de Internet para realizar operaciones de comercio electrónico mediante el soporte de sus socios, bancos, empresas de telecomunicaciones, ISP, empresas de software y servicios, etc.
Puede visitarse en www.commercenet. com.

Common Business-Oriented Language
Véase *COBOL*.

Common Gateway Interface
Véase *CGI*.

Communications program / software
Véase *Software de comunicaciones*.

Communicator, Netscape Communicator
Navegador gratuito de la compañía Netscape. Es uno de los más populares, junto con Microsoft Explorer.
Véase *Netscape*.

.comp
(*computer newsgroup*)
Categoría superior de los usenet newsgroups (grupos de noticias) dedicados a la informática. Otras categorías de newsgroups son alt (*alternative*), news, sci (*science*), talk, biz (*business*), misc (*miscellaneous*), rec (*recreational*) o soc

(*social*). La mayoría de navegadores de Internet permiten el acceso a estos *newsgroups*.
Véase *Newsgroups*.

Compresión - *Compression*
Programas que permiten reducir el tamaño de los archivos para facilitar su almacenamiento o transferencia. En Internet es de gran utilidad para la transferencia de archivos por correo electrónico, ya que la lentitud de la Red obliga a reducir al máximo los archivos.
Existe compresión con pérdida de datos, y otras que no eliminan datos. Se necesita software de descompresión para poder abrir los documentos. Ejemplos conocidos de software de compresión son WinZip, PKZIP, Stuffit y la utilidad de UNIX. Por lo general, los archivos comprimidos utilizan la letra «z» en su extensión de archivo para indicar que están comprimidos. Por ejemplo, «texto.zip».
Existen asimismo formatos de compresión para imágenes, como el JPEG, y también para sonidos y vídeo.
Véase *Software de compresión*.

Compressed File
Véase *Archivo comprimido*.

Compression formats
Véase *Formatos de compresión*.

Compression program
Véase *Software de compresión*.

Compuserve
También conocido por CIS, Compuserve Information Service, fue uno de los prime-

ros y más famosos servicios online de pago que facilita el acceso a Internet. Fue adquirido por AOL.

Computer Aided Design
Véase *CAD*.

Computer Emergency Responde Team
Véase *CERT*.

Conexión - *Connection*
Comunicación entre dos ordenadores para intercambiar información. También puede definirse como la comunicación entre un ordenador cliente que accede a un servidor mediante una autorización.

Congestión - *Congestion*
Estado de saturación de la Red que provoca la ralentización en la transmisión de los datos. La cantidad de datos que se transmiten excede la capacidad de transmisión de la Red.
Véase *Cuello de botella*.

Conmutación de paquetes - *Packet switching*
Envío de datos en paquetes a otra zona a través de una red. Los datos se dividen en paquetes que incluyen una identificación y la dirección de destino, pudiendo utilizar diferentes vías para llegar al mismo destino, y ensamblarlos al llegar.

Connect time
Véase *Tiempo de conexión*.

Connection
Véase *Conexión*.

Contador, contador de hits - *Counter, Hit counter*

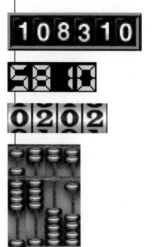

Gráfico, similar al cuentakilómetros de un vehículo, que indica el número de veces que se ha accedido a una página. Se coloca en la página principal de las web sites, principalmente de las personales. Un número alto indica que es una web site muy interesante, visitada por muchas personas. Sin embargo, no es muy fiable, ya que muchos usuarios colocan contadores que comienzan a marcar a partir de un número muy alto, o en vez de sumar los accesos, elevan el número continuamente. Los programas que realizan esta función suelen ser gratuitos, y pueden descargarse en muchos puntos de la Red. También se aplica a los programas de análisis de visitas en web sites.

Contenido - *Content*
Suma de los textos, imágenes, sonidos, datos, vídeos, gráficos, etc., que se presentan en una página web.

Contraseña - *Password*

Código secreto, normalmente alfanumérico, utilizado para acceder a un determinado servicio, como el correo electrónico, el acceso a Internet o las suscripciones. Por ejemplo, si estamos suscritos a un servicio de información bursátil, debemos introducir la contraseña que nos identifica para poder acceder a la información contratada.

Conversational Hypertext Access Technology

Véase *Chat*.

Cookie

Archivo con muy poca información enviado por una web site y almacenado en el disco duro del usuario. Permite a la web site identificar al usuario, seguir su trayectoria durante la visita y conocerlo mejor, así como ofrecerle información más personalizada.

Puede, asimismo, conocer nuestro sistema operativo, identificar la última página que hemos visitado, conocer el navegador que utilizamos, guardar la información de registro y acceso a una web site, el carro de la compra que estamos creando, etc.

Cada vez que entramos en esa web site, las *cookies* indican al servidor si ya hemos estado antes. Esto puede ser útil en el área de la publicidad, ya que evita el envío de anuncios repetidos al identificar al usuario, e incluso personalizarlos según su perfil. Otra utilidad es la de almacenar el registro de claves de acceso e identificaciones de usuarios en muchas web sites, evitando tener que volver a escribirlas o realizar un proceso completo de identificación.

Como muchos usuarios consideran las *cookies* una invasión de su intimidad, existe la posibilidad de que el navegador nos avise cuando vayamos a recibir una *cookie*, y podemos rechazarla. Las *cookies* no pueden acceder a otras áreas de nuestro ordenador (disco duro), ni permiten el acceso a nuestra dirección de correo electrónico u otros datos personales. Por otra parte, cada web site emite su propia *cookie*, la cual no puede ser accedida por otras.

Se sigue este proceso:

1 Al entrar por primera vez en una web site, nos envían una *cookie*.

2 La cookie es almacenada en una carpeta de nuestro navegador en forma de archivo de texto. Muchas *cookies* tienen un período de caducidad, y el de algunas expira cuando cerramos nuestro navegador.

3 Cuando entramos de nuevo, se chequea la *cookie*.

4 Somos identificados y pueden ofrecernos servicios personalizados u obtener información sobre nosotros.

Las *cookies* suelen realizarse con CGI scripts, aunque en ocasiones se hacen con Javascript.

acaste01@amazon[2].txt - Notepad
File Edit Search Help
session-id■002-0347317-4105620■amazon.com/■■■
0■1953251328■29366232■1988921696■29364849■*■
session-id-time■968227200■amazon.com/■0■
1953251328■29366232■1988921696■29364849■*■
ubid-main■077-2770688-9981728■amazon.com/■0■
2916341376■31961269■1996021696■29364849■*■
x-main■hQFiIxHUFj8mCscT0Yb5Z7xsUsOFQjBF■
amazon.com/■0■2916341376■31961269■1996021696■
29364849■*■

Cookie files

Carpeta en la que se almacenan las *cookies* que nos envían desde web sites. Véase *Cookie*.

Cookie suppressors

Utilidad que impide el acceso de *cookies* a nuestro ordenador

Correo electrónico - E-mail, Electronic mail, mail

Versión informática del tradicional correo postal (llamado *snail mail* o *snail* por los internautas estadounidenses).

1 Tenemos una dirección que nos identifica, como alvaro@atkearney.es
2 Papel para escribir la carta: nuestra pantalla para introducir texto.
3 Caja para incorporar otras cosas: la zona de attachment, en la que podemos poner todo tipo de documentos, vídeos, audio, imágenes...
4 Un servicio de cartero: nuestro módem y las líneas telefónicas a través de las que se transmite el mensaje.
5 Una dirección de destino: la del usuario al que se envía el correo.

Sus ventajas frente al correo tradicional son enormes:

– Velocidad: en pocos segundos podemos recibir un mensaje desde cualquier parte del mundo.

– Precio: el gasto se limita al coste de las líneas telefónicas con tarifa local y a la conexión a Internet, salvo en los casos en los que utilicemos un servicio gratuito de acceso.
– Seguridad: podemos cifrar el mensaje para que sólo pueda ser leído por el destinatario.
– Repetición: podemos enviar el mismo correo a numerosos usuarios al mismo tiempo, sin necesidad de escribirlo cada vez. Para ello podemos utilizar listas de correo o *mailing list* (listas que contienen varias direcciones de destino, que son enviadas simultáneamente).

Generalmente la dirección se escribe con minúsculas y sin espacios. La dirección de destino y el remite pueden separarse en áreas para entender su significado: alvaro@atkearney.es, es la dirección completa.

«alvaro»: nombre del usuario o nombre ficticio que se desea utilizar.

@: en, escrito *at* en inglés, arroba en español, separa el nombre del usuario del servidor.

«atkearney.es»: nombre del dominio, que identifica el servidor.

«.es»: indica España; en otros casos puede ser un dominio de primer nivel: .com (comercial), .edu (educativo), .mil (militar), .gov (gobierno), .org (no comercial) o net (red).

Algunas modalidades que podemos encontrar en Internet son:

– alvaro.castells@atkearney.com: indica el nombre y apellido, así como la dirección web.
– acastells@atkearney.com se utiliza en ocasiones como abreviatura.

– webmaster@atkearney.com nos pone en contacto con el responsable de la web site de una compañía.
– info@atkearney.com indica una dirección de correo para enviar solicitudes de información o similares.
– support@atkearney.com indica una dirección de soporte técnico o de otro tipo para el usuario.
El correo electrónico suele incluir, además del área de mensaje y los posibles *attachments*:
To: destinatario.
From: remitente.
Subject: motivo del correo electrónico
cc: otras personas a las que se envía copia.
bcc: *blind carbon copy*, otras personas a las que se envía copia sin que las demás tengan constancia de ello.
El correo electrónico se transmite mediante el protocolo SMTP. El protocolo de recepción más extendido es el POP3, aunque también existe el IMAP4. El texto del correo se suele codificar como texto ASCII.

Cortafuegos - *Firewall*
Sistema de seguridad en una red local o en Internet. Puede ser una seguridad hardware o software, o una combinación de ambas. Por lo general, los firewall se sitúan entre Internet y nuestro servidor web con el fin de evitar accesos no autorizados que puedan destruir, alterar u obtener información de nuestros sistemas.

Coste por click - *Cost per click*
Cantidad que la agencia de publicidad o la propia web site cobra a la empresa anunciante por el número de clicks que se realizan en sus anuncios (*banner*). Es

una alternativa al cobro por el número de anuncios descargados por los visitantes, que garantiza que se ha marcado el anuncio para visitar la página de destino.

Coste por mil
Véase *CPM*.

Coste por visita - *Cost per visit*
Véase *CPV*.

Counter
Véase *Contador*.

Country code
Código de país que se utiliza como dominio. Por ejemplo, España utiliza el código «es», www.miempresa.es y Alemania, el «.de», www.firma.de. Siempre se utiliza un código de dos letras, establecido mediante normas internacionales estándar ISO. Véase *Dominio*.

CPM
(Coste por mil, *Cost per thousand page views / impressions, cost per thousand*) Coste por visualización de 1.000 anuncios. Se utiliza en medios publicitarios tradicionales y de Internet para establecer el precio de los anuncios.

CPU
(*Central Processing Unit*) Chip que gestiona el sistema operativo y los programas de nuestro ordenador.

CPV
(Coste Por Visita o Cost Per Visit). Cantidad que se ha de pagar por cada visitante que entre en nuestra web site

procedente de un *banner* publicitario colocado en otro.

Cracker
Voz inglesa que significa resquicio, rotura, grieta o rendija. En el argot de Internet, persona malintencionada que viola los sistemas de seguridad informáticos de una empresa para acceder a determinada información, robarla o destruirla. Se diferencia del hacker por su interés destructivo, y a éstos les disgusta que se les confunda con ellos.
Véase *Hacker.*

Crawler
Véase *Spider.*

Criptografía - *Cryptography, Crypto*
Arte de escribir con una clave secreta, de manera que sólo las personas autorizadas, poseedoras de la clave (llave), puedan descifrar el texto. Suelen utilizarse algoritmos para cifrar la información. Uno de los más conocidos en Internet es PGP.
Véanse *Autoridad certificadora, Cifrado, Descifrado, Firma digital* y *PGP.*

Cross-post, *Cross-posting*
Envío del mismo mensaje, simultáneamente, a numerosos grupos de noticias (newsgroups) o listas de correo. Su abuso o el envío de mensajes carentes de todo interés es considerado un indicio de mala educación.

Cuello de botella - *Bottleneck*
Límite en la capacidad del sistema que puede reducir el tráfico en situaciones de sobrecarga.

Cuenta de Internet - *Internet account*
Cuenta abierta con un ISP (proveedor de acceso a Internet) para poder tener acceso. Las cuentas pueden ser de pago o gratuitas.

CUSEMEE o *CU-SeeMee*
Programa gratuito para realizar videoconferencias a baja velocidad a través de Internet. Permite la participación de dos o más usuarios.

Cyber
Véase *Ciber.*

Cybercafe
Véase *Cibercafé.*

Cybermall
Véase *E-Mall.*

Cyberpunk
Véase *Ciberpunk.*

Cybersex
Véase *Cibersex.*

Cyberspace
Véase *Ciberespacio.*

Cybersquatting
(Del inglés, *squatter*, persona que ocupa ilegalmente casas o terrenos no ocupados –okupa–). En Internet, acción de registrar dominios para vendérselos después a empresas que puedan estar interesadas en utilizarlos. Han existido numerosos casos de registro de dominios de nombres de compañías muy conocidas que han pagado sumas exorbitantes por su recuperación.

Daemon
En el sistema operativo Unix, dícese del proceso en background que realiza determinadas tareas en momentos predefinidos o ante determinadas acciones. Los daemon más conocidos son el HTTP Daemon (HTTPD), smtp daemon, el telnetd (telnet) o ftpd (ftp).
Véase *HTTPD*.

DARPA
(*Defense Advanced Research Projects Agency*).

Agencia del departamento de Defensa de Estados Unidos responsable de muchos de los actuales conceptos de Internet. Fue creada en 1958 como respuesta al lanzamiento del Sputnik soviético. Puede visitarse en www.darpa.mil. Véanse ARPA y ARPANet.

Data Encryption Key
Véase *DEK*.

Data Encryption Standard
Véase *DES*.

Data traffic
Cantidad de información que fluye por una red. En Internet se refiere al número de paquetes TCP/IP que se transmiten.

Cuando el número de paquetes que se solicita simultáneamente a un servidor es muy elevado, la rapidez de envío se ralentiza.

Database
Véase *Base de datos*.

DDN
(*Defense Data Network*).
Red de comunicaciones global del departamento de Defensa de los Estados Unidos que conecta instalaciones militares. Formado por MILNET, partes de Internet y redes ajenas al entorno de Internet.

Dead link
Enlace (*link*) muerto (*dead*) al que, cuando se intenta acceder, niega el acceso a una página, bien porque ésta haya desaparecido o porque el servidor esté fuera de servicio.

Decompression
Véase *Descomprimir*.

Decryption
Véase *Descifrar*.

Dedicated line
Véase *Línea dedicada*.

Defense Advanced Research Projects Agency
Véase *DARPA*.

Defense Data Network
Véase *DDN*.

DEK
(*Data Encryption Key*).
Clave para cifrar o descifrar mensajes. Sólo es posible realizarlo con esta clave o llave, por lo que su confidencialidad está garantizada.

Delay
Véase *Latencia*.

Delphi
Además de como lenguaje de desarrollo, Delphi es conocido en el entorno de Internet por haber sido uno de los primeros proveedores de información e ISP en Estados Unidos.

DES
(*Data Encryption Standard*).
Sistema de cifrado, uno de los más populares en Internet. Fue desarrollado por el U.S National Institute of Standards & Technology.

Descarga - *Download, downloading*
Transferencia de datos desde un servidor remoto hasta el usuario a través de la Red. Se puede utilizar el navegador o FTP. El proceso contrario se denomina *upload*, acción de enviar archivos locales para ser copiados en un servidor. Pero se ha de ser prudente, ya que en las descargas puede introducirse un virus en nuestro disco duro.
Por ello es aconsejable no realizar descargas desde sitios desconocidos o dudosos. Desde Internet se pueden descargar juegos, software, audio, vídeo, documentos...

Descifrado - *Decryption*
Procedimiento para abrir, de manera legible, los mensajes cifrados. En castellano se utiliza el término descifrar, pero el uso continuo de la voz inglesa *decryption* ha difundido el término «desencriptar», que es incorrecto.
Véanse *Autoridad certificadora, Cifrado, Criptografía, Firma digital* y *PGP*.

Descomprimir - *Uncompressing*

Expandir un archivo comprimido para que recupere su forma original. Uno de los compresores más conocidos en Windows es Winzip. Son muy utilizados en Internet para permitir la transferencia rápida de ficheros.

DHTML
Véase *HTML dinámico*.

Dial-up, Dial-up access
Conexión temporal que realiza un módem entre el PC y el ISP a través de las líneas telefónicas analógicas o RDSI, que permite acceder a Internet. Es el medio habitual de acceso a Internet, sobre todo para los usuarios residenciales.

Dial-up account
Cuenta abierta con un ISP para poder conectarse a él por línea telefónica.

Dial-Up Service/ Access Provider
Compañías que dan acceso a Internet a través de una conexión dial-up. Suelen cobrar una tarifa por su uso, aunque también hay servicios gratuitos.

Dialer
Programa que permite al usuario conectarse a Internet.

Dialog box
Pregunta que aparece en la pantalla del usuario sobre una determinada acción. Por ejemplo, si estamos descargando ficheros desde una web site, puede preguntarnos si queremos guardarlos en el disco duro o ejecutarlos.

Digerati
La «élite digital», palabra que procede de «Literati», está constituida por las personas expertas que están a la vanguardia de la revolución digital.

Digital
Tecnología que genera y procesa los datos en dos estados, positivo y no positivo. El estado positivo representa el número 1, y el 0, el no positivo. Los datos digitales se representan como una cadena de 0 y 1, denominados bits, y un grupo de 8 bits representa un byte. Estos dígitos son utilizados para representar texto, datos, imágenes, audio, etcétera. Así, una imagen digitalizada se forma con una sucesión de 0 y 1, que interpretados por el software correspondiente, representan una imagen en el monitor del ordenador del usuario y permiten que sea transmitida, almace-

nada o modificada. Es lo contrario del analógico.
Véase *Bit, Byte*.

Digital signature
Véase *Firma digital*.

Dirección - *Address*
Dirección de correo electrónico o *e-mail address* (Véase: *Correo electrónico*). // **2.** Dirección IP o *IP address* (Véase: *Dirección IP*). // **3.** Dirección web o *Internet address*, se denomina también URL (Uniform Resource Locator). Es la dirección de Internet en la que puede localizarse una web site o una página concreta. Por ejemplo: http://www.atkearney.com/news. Al escribir esta dirección en nuestro navegador, éste nos conectará con esa página y la mostrará. La dirección web siempre comienza por «http://» (Hypertext Transfer Protocol), que indica que es una página en la WWW. En las versiones actuales de los navegadores no es preciso escribirlo. La «www» es un convencionalismo, y no siempre aparece. Esta dirección web equivale a una dirección IP de tipo numérico. Véase *URL*.

Dirección Internet - *Internet address*
Véase *Dirección*.

Dirección IP - *IP Address*
(*Internet Protocol Address*)
Dirección que identifica un ordenador concreto en Internet, con un número único del tipo 199.26.226.7. El número se subdivide en cuatro números decimales comprendidos entre 0 y 255, separados

por puntos y cada número representa 8 bits (dirección de 32 bits). Este número (también llamado *dotted quad*) es único, y sin él no se puede utilizar ningún protocolo de Internet. Esta definición se basa en el uso del protocolo de Internet versión 4 (Internet Protocol Version 4); la versión 6 describirá las nuevas direcciones IP de 128 bits, y permitirá ampliar el cada vez más escaso número de direcciones IP que quedan libres. Para formar parte de Internet, es necesario poseer este número, que debe solicitarse al *Network Information Center* (NIC).

Podría compararse con un número de teléfono. Cuando marcamos un número, nos conecta con un determinado teléfono; aquí, al marcar una dirección IP numérica, nos conecta con el ordenador que la tiene asignada. Otra forma de representarlo sería la dirección Internet, que se representa en forma de texto (alfanumérico en ocasiones). Para traducir las direcciones numéricas IP a nombres de direcciones web, se utilizan los *domain name servers*.

Ejemplo de una dirección IP expresada en modo numérico: 207.37.253.203, que corresponde a www.atkearney.com. Véase *DNS*.

Dirección IP variable - *Dynamic IP addressing*

Dirección IP numérica que varía. Cada vez que establecemos contacto con Internet, se nos asigna una dirección IP variable, o diferente. Algunos ISP ofrecen la asignación de IP fijas a sus usuarios, pero el coste de este servicio es muy elevado a causa de la escasez de direcciones.

Direct Connection

Conexión directa entre el ordenador del usuario e Internet, sin necesidad de un servidor intermediario. Es mucho más rápida que la conexión dial-up y requiere una dirección IP.

Directorio - *Directory, directory service*

Los directorios dependen de personas para crear, indexar y actualizar sus listados, que están ordenados en categorías y subcategorías. La principal diferencia entre un motor de búsqueda y un directorio es que éste no suele utilizar una araña (spider) o robot, es decir, un directorio no mostrará nuestra web site si alguien no la registra en él. Los directorios se dividen en categorías y debe enviarse la URL a las categorías más convenientes. La clasificación en categorías permite localizar fácilmente las web sites deseadas. Un caso típico es Yahoo.

En el ejemplo, puede verse uno de los directorios de Yahoo.

Categories
- Business to Business *(240915)* NEW!
- Shopping and Services *(327449)* NEW!

- Business Libraries *(20)*
- Business Schools@
- Chats and Forums *(24)*
- Classifieds *(2972)* NEW!
- Consortia *(43)*
- Consumer Advocacy and Information@
- Conventions and Conferences *(37)*
- Cooperatives *(24)*
- Directories *(336)*
- Economics@
- Education *(800)*
- Electronic Commerce *(197)* NEW!
- Employment and Work *(1670)* NEW!
- Ethics and Responsibility *(43)*
- Finance and Investment *(1591)* NEW!
- Global Economy *(259)* NEW!
- History *(21)*

DirectX
Tecnología de Microsoft que funciona con Windows 95 y NT. Es un grupo de API'S (*Application Program Interface*) que permite a los programadores acceder de manera más directa a las capacidades gráficas y de audio de un ordenador. Con ello se pueden crear web sites dinámicas, muy ricas en contenidos multimedia, como contenidos en 3D, gráficos, vídeo y audio.

Discussion Board
Foro de Internet en el que se intercambian opiniones sobre determinados temas.

Discussion group
Véase *Grupo de discusión*.

Distributed database
Véase *bases de datos distribuidas*.

DNS
(*Domain Name System*).
Mecanismo utilizado en Internet para traducir nombres de dominios en direcciones. Es un sistema jerárquico, estático, alojado de manera replicada en un determinado número de servidores. La mayoría de los servidores de DNS contienen una base de datos en la que se cruzan los nombres con las direcciones numéricas, y se actualizan con regularidad; otros ordenadores envían las peticiones de transformación a dirección numérica con el objetivo de encontrar la ruta para la petición enviada.
En Internet, cada ordenador tiene una dirección IP exclusiva, compuesta por números. DNS permite a los usuarios localizar servidores remotos por sus nombres de dominio en vez de por direcciones IP numéricas, difíciles de recordar. Si la DNS solicitada a la base de datos no se encuentra, preguntará a otros servidores de DNS para intentar localizarla y si no se consigue, aparece un mensaje de error en la pantalla de nuestro navegador. Por ejemplo, www.sprint.com se corresponde con la IP numérica 208.25.106.10, y si escribimos cualquiera de las dos direcciones (numérica o alfabética), aparecerá la página principal de la empresa Sprint. Los sufijos más conocidos son los de tres letras, como:
COM - dominio de compañía.
EDU - dominio de universidad o institución educativa.
GOV - dominio de organización gubernamental norteamericana.
MIL - dominio para uso militar norteamericano.
NET - dominio para organizaciones en la Red.
ORG - dominio para organizaciones sin ánimo de lucro.
También hay un sufijo de dominio de dos letras para cada país. Por ejemplo, ES es el dominio para España, FR el de Francia, etc. Véanse *Dirección IP, Número IP*.

DNSO
(*Domain Name Supporting Organization*)
Grupo de control de las normas relativas al sistema de nombres de dominio que aconseja a los responsables del ICANN (*Internet Corporation for Assigned Names and Numbers*).
Puede visitarse en www.dnso.org.

Domain Name Supporting Organization

Véase *DNSO*.

Domain Name System

Véase *DNS*.

Dominio - *Domain, domain name*

Dícese del nombre asociado a una dirección numérica IP. En una dirección como, por ejemplo, www.atkearney.com, indica el dominio utilizado por la compañía A.T.Kearney, www indica World Wide Web, atkearney el nombre de la compañía y .com que es una compañía o empresa. Los dominios son únicos, van separados del nombre que les precede por un punto y no pueden existir repeticiones en Internet. El dominio se utiliza también para la dirección de correo electrónico, como alvaro@atkearney.com.

Los dominios de primer nivel son administrados por la agencia de control Internic, y una vez registrados, quedan en propiedad de su registrador. Este sistema ha permitido el registro de dominios con el fin de venderlos a las empresas que debían utilizarlos, ya que representaban su nombre de compañía. La organización IANA (Internet Assigned Numbers Authority) es la máxima responsable de los nombres de dominio.

Los dominios de primer nivel genéricos más conocidos son:

COM - dominio de compañía.

EDU - dominio de universidad o institución educativa.

GOV - dominio de organización gubernamental norteamericana.

MIL - dominio para uso militar norteamericano.

NET - dominio para organizaciones en la Red.

ORG - dominio para organizaciones sin ánimo de lucro.

A causa de la escasez de dominios libres, será necesario establecer nuevos nombres de dominio de primer nivel como, por ejemplo: .firm, .store, .web, .arts, .rec, .nom o .info.

En muchos casos, una web site no tiene su propio nombre de dominio, y se incluye bajo un dominio ajeno; son los subdominios, por ejemplo, http://sunsite.ee/animals. Esto suele deberse a motivos económicos, ya que registrar un dominio tiene un coste inicial y una cuota de mantenimiento anual, y muchas empresas y particulares prefieren utilizar subdominios. El dominio corresponde a una serie de números, los números IP, y es más fácil recordar el nombre del dominio que un código numérico. Para registrar un dominio .com, .net u .org, podemos dirigirnos a una de las numerosas compañías de Internet que prestan este servicio; los precios varían de unos otros. Nuestros datos se harán públicos a través de Whois. El período inicial de validez de registro es de dos años, y posteriormente es anual. Por otra parte, cada país tiene su propia extensión de dos letras, excepto Estados Unidos, donde comenzó el sistema de dominios. Son los denominados ccTLD o *country code top level domains*. Así, «.es» indica España, «.de» Alemania, «.jp» Japón, etc. A continuación se ofrecen los dominios de países:

.ac   Ascensión - *Ascension Island*

.ad   Andorra

.ae   Emiratos Árabes Unidos - *United Arab Emirates*

.af	Afganistán - *Afghanistan*	.cf	República Centroafricana - *Central African Republic*
.ag	Antigua y Barbuda - *Antigua and Barbuda*	.cg	Congo (*subsiste todavía*)
.ai	Anguilla - *Anguilla*	.ch	Suiza - *Switzerland*
.al	Albania	.ci	Costa de Marfil - *Côte D'Ivoire*
.am	Armenia	.ck	Islas Cook - *Cook Islands*
.an	Antillas Holandesas - *Netherlands Antilles*	.cl	Chile
		.cm	Camerún - *Cameroon*
.ao	Angola	.cn	China
.aq	Antártida - *Antarctica*	.co	Colombia (*y dominio de primer nivel para alguna empresas*).
.ar	Argentina		
.as	Samoa Norteamericana - *American Samoa*	.cr	Costa Rica
		.cs	Checoslovaquia - *Czechoslovakia* (*ya desaparecido*)
.at	Austria		
.au	Australia	.cu	Cuba
.aw	Aruba	.cv	Cabo Verde - *Cape Verde*
.az	Azerbayán - *Azerbaijan*	.cx	Islas Christmas - *Christmas Island*
.ba	Bosnia - Herzegovina- *Bosnia and Herzegovina*		
		.cy	Chipre - *Cyprus*
.bb	Barbados	.cz	República Checa - *Czech Republic*
.bd	Bangladesh		
.be	Bélgica - *Belgium*	.de	Alemania - *Germany*
.bf	Burkina Faso	.dj	Yibuti - *Djibouti*
.bg	Bulgaria	.dk	Dinamarca - *Denmark*
.bh	Bahrein	.dm	Dominica
.bi	Burundi	.do	República Dominicana - *Dominican Republic*
.bj	Benín		
.bm	Bermudas	.dz	Argelia
.bn	Brunei	.ec	Ecuador
.bo	Bolivia	.ee	Estonia
.br	Brasil - *Brazil*	.eg	Egipto - *Egypt*
.bs	Bahamas	.eh	Sahara Occidental - *Western Sahara*
.bt	Bhután		
.bv	Isla Bouvet - *Bouvet Island*	.er	Eritrea
.bw	Botswana	.es	España - *Spain*
.by	Bielorrusia - *Belarus*	.et	Etiopía - *Ethiopia*
.bz	Belice	.fi	Finlandia - *Finland*
.ca	Canadá - *Canada*	.fj	Fiji
.cc	Islas Cocos - *Cocos Islands* o *Keeling Islands*	.fk	Islas Malvinas (Falkland) - *Falkland Islands/Malvinas*

.fm	Micronesia	.io	Territorios Británicos del Océano Índico- *British Indian Ocean Territory*
.fo	Islas Feroe - *Faroe Islands*		
.fr	Francia - *France*		
.fx	France Metropolitana (*aparentemente inutilizado*)	.iq	Irak
		.ir	Irán
.ga	Gabón - *Gabon*	.is	Islandia - *Iceland*
.gb	Gran Bretaña - *Great Britain*	.it	Italia - *Italy*
.gd	Isla Granada - *Grenada*	.je	Jersey
.ge	Georgia (antigua URSS)	.jm	Jamaica
.gf	Guyana Francesa - *French Guiana*	.jo	Jordania - *Jordan*
		.jp	Japón - *Japan*
.gg	Guernsey	.ke	Kenia - *Kenya*
.gh	Ghana	.kg	Kirguizistán - *Kyrgyzstan*
.gi	Gibraltar	.kh	Camboya - *Cambodia*
.gl	Groenlandia - *Greenland*	.ki	Kiribati
.gm	Gambia	.km	Islas Comores - *Comoros*
.gn	Guinea	.kn	Saint Kitts y Nevis - *Saint Kitts and Nevis*
.gp	Guadalupe - *Guadeloupe*		
.gq	Guinea Ecuatorial - *Equatorial Guinea*	.kp	Corea del Norte - *North Korea*
		.kr	Corea del Sur - *South Korea*
.gr	Grecia - *Greece*	.kw	Kuwait
.gs	Islas de Georgia del Sur y Sandwich- *South Georgia and South Sandwich Islands*	.ky	Islas Caimán - *Cayman Islands*
		.kz	Kazajstán - *Kazakhstan*
		.la	Laos
.gt	Guatemala	.lb	Líbano - *Lebanon*
.gu	Guam	.lc	Santa Lucía - *Saint Lucia*
.gw	Guinea-Bissau	.li	Liechtenstein
.gy	Guyana	.lk	Sri Lanka
.hk	Hong Kong	.lr	Liberia
.hm	Islas de Heard y McDonald - *Heard and McDonald Islands*	.ls	Lesotho
		.lt	Lituania - *Lithuania*
.hn	Honduras	.lu	Luxemburgo - *Luxembourg*
.hr	Croacia - *Croatia*	.lv	Letonia - *Latvia* (antigua URSS)
.ht	Haití	.ly	Libia - *Libya*
.hu	Hungría - *Hungary*	.ma	Marruecos - *Morocco*
.id	Indonesia	.mc	Mónaco
.ie	Irlanda - *Ireland*	.md	Moldavia - *Moldova*
.il	Israel	.mg	Madagascar
.im	Isla de Man - *Isle of Man*	.mh	Islas Marshall - *Marshall Islands*
.in	India	.mk	Macedonia

.ml	Malí
.mm	Myanmar - (*antigua Birmania*)
.mn	Mongolia
.mo	Macao - *Macau*
.mp	Islas Marianas - *Northern Mariana Islands*
.mq	Martinica - *Martinique*
.mr	Mauritania
.ms	Montserrat
.mt	Malta
.mu	Islas Mauricio - *Mauritius*
.mv	Maldivas - *Maldives*
.mw	Malawi
.mx	México - *Mexico*
.my	Malaysia
.mz	Mozambique
.na	Namibia
.nc	Nueva Caledonia - *New Caledonia*
.ne	Níger - *Niger*
.nf	Norfolk - *Norfolk Island*
.ng	Nigeria
.ni	Nicaragua
.nl	Holanda - *Netherlands*
.no	Noruega - *Norway*
.np	Nepal
.nr	Nauru
.nt	Zona Neutral - *Neutral Zone*
.un	Niue
.nz	Nueva Zelanda - *New Zealand*
.om	Omán - *Oman*
.pa	Panamá - *Panama*
.pe	Perú - *Peru*
.pf	Polinesia Francesa - *French Polynesia*
.pg	Papúa-Nueva Guinea - *Papua New Guinea*
.ph	Filipinas - *Philippines*
.pk	Pakistán - *Pakistan*
.pl	Polonia - *Poland*
.pm	St. Pierre et Miquelon
.pn	Pitcairn
.pr	Puerto Rico
.ps	Palestina - *Palestine*
.pt	Portugal
.pw	Palau
.py	Paraguay
.qa	Qatar
.re	Reunión - *Réunion*
.ro	Rumania - *Romania*
.ru	Rusia - *Russia*
.rw	Ruanda - *Rwanda*
.sa	Arabia Saudita - *Saudi Arabia*
.sb	Islas Salomón - *Solomon Islands*
.sc	Islas Seychelles - *Seychelles*
.sd	Sudán - *Sudan*
.se	Suecia - *Sweden*
.sg	Singapur - *Singapore*
.sh	Santa Elena - *Saint Helena*
.si	Eslovenia - *Slovenia*
.sj	Islas de Svalbard y Jan Mayen - *Svalbard and Jan Mayen Islands*
.sk	Eslovaquia - *Slovakia*
.sl	Sierra Leona - *Sierra Leone*
.sm	San Marino
.sn	Senegal
.so	Somalia
.sr	Surinam
.st	Santo Tomé y Principe - *Sao Torme and Principe*
.su	URSS (*subsiste todavía*) - *Former USSR*
.sv	El Salvador
.sy	Siria - *Syria*
.sz	Suazilandia - *Swaziland*
.tc	Islas de Turks y Caicos - *Turks and Caicos Islands*
.td	Chad
.tf	Territorios Franceses del Sur - *French Southern Territories*

.tg	Togo
.th	Tailandia - *Thailand*
.tj	Tayikistán - *Tajikistan*
.tk	Tokelau
.tm	Turkmenistán
.tn	Túnez - *Tunisia*
.to	Tonga
.tp	Timor Oriental - *East Timor*
.tr	Turquía - *Turkey*
.tt	Trinidad y Tobago - *Trinidad and Tobago*
.tv	Tuvalu
.tw	Taiwán - *Taiwan*
.tz	Tanzania
.ua	Ucrania - *Ukraine*
.ug	Uganda
.uk	Reino Unido (*alterno con .gb*) - *United Kingdom*
.um	Territorios Menoress de Ultramar de Estados Unidos - *U.S. Minor Outlying Islands*
.us	Estados Unidos - *United States*
.uy	Uruguay
.uz	Uzbekistán
.va	Vaticano - *Vatican City*
.vc	San Vicente y las Granadinas - *Saint Vincent and the Grenadines*
.ve	Venezuela
.vg	Islas Vírgenes Británicas - *British Virgin Islands*
.vi	Islas Vírgenes Norteamericanas - *U.S. Virgin Islands*
.vn	Vietnam - *Vietnam*
.vu	República de Vanuatu (*antiguas Nuevas Hébridas*) - *Vanuatu*
.wf	Wallis y Futuna - *Wallis and Futuna Islands*

.wg	Gaza y Cisjordania - *Western Jordan and Gaza*
.ws	Samoa
.ye	Yemen
.yt	Mayotte
.yu	Yugoslavia
.za	Sudáfrica - *South Africa*
.zm	Zambia
.zr	Zaire
.zw	Zimbabwe- *Zimbabwe*

Dominio público - *Public domain*
Software libre de patentes y derechos de autor que puede utilizarse libremente sin necesidad de realizar ningún tipo de pago o solicitar oportunas autorizaciones a sus creadores.

Doom
Juego de realidad virtual, que entraña una notable violencia y que se desarrolla en un espacio en tres dimensiones.
La implantación de Internet ha aumentado la popularidad de este juego, dada la circunstancia de que permite participar simultáneamente a numerosos jugadores en diferentes partes del mundo conectados desde sus ordenadores a traves del módem.

Dot address, dotted decimal notation, dotted address notation
Método para escribir las direcciones IP en el modo 5.5.5.5, donde cada número representa un byte de los cuatro que lo componen.
Véase *Número IP*.

Download, downloading
Véase *Descarga*.

DSML
Lenguaje XML utilizado para servicios de directorios de Internet.
Véase *XML*.

DVD
(*Digital videodisc*).
Nuevo tipo de disco, similar al CD-ROM, introducido por Philips y Sony en 1995, que es capaz de almacenar hasta 4,7 gigabytes de datos o archivos de vídeo digital de alta definición.

***Dynamic* HTML**
Véase *HTML dinámico*.

Dynamic IP addressing
Véase *Dirección IP variable*.

E-

Abreviatura de *electronic* utilizada como prefijo en Internet. Por ejemplo, *e-commerce o e-business*.

E-business

(*Electronic business*)

(En inglés, negocio electrónico. Realización de los negocios entre empresas en el entorno de Internet. El comercio electrónico forma parte del electronic business, así como el marketing y la publicidad.

E-cash

En Internet, dinero electrónico que sustituye al dinero real.

E-Commerce

Véase *Comercio electrónico*.

E-form, eform, electronic form

Tell us what you think about our web site. We welcome all of your comments and suggestions.

A travel web page is useful to me: ◉ Yes   ○ No

I liked the new Worldwide Travel Web Page: ◉ Yes   ○ No

There was value in these web page sections:
- Travel Policy/Procedures/Services   ◉ Yes   ○ No
- FAQs (Frequency Asked Questions)   ◉ Yes   ○ No
- WorldTravel Partners Dedicated Onsite Travel Offices   ◉ Yes   ○ No
  (phone numbers/locations)
- Club Information   ◉ Yes   ○ No
- Local Offices/Hotels   ◉ Yes   ○ No
- Useful Travel Web Sites (linked to major travel suppliers web sites)   ◉ Yes   ○ No
- Forms (Traveler Profiles, Reservation Forms, Incident Forms)   ◉ Yes   ○ No

Cuestionario, hoja de pedido, hoja de solicitud de información, etc., que puede rellenarse y enviarse por Internet. Suelen contener zonas para incluir texto y casillas que pueden marcarse para seleccionar opciones. Pueden ser utilizados para realizar una compra, suscribirse a una determinada información (revista, periódico, boletín), solicitar información sobre un producto, o incluso dentro de una Intranet, sustituyendo a los documentos interdepartamentales en papel. Uno de los casos más habituales es que nos pidan nuestra dirección de correo electrónico para mantenernos informados sobre aspectos relacionados con la compañía.

Véase *Check box*.

E-mail

Véase *Correo electrónico*.

E-mail address

Véase *correo electrónico*.

E-mail server

Véase *Servidor de correo electrónico*.

E-Mall, electronic mall, virtual mall, cybermall

En Internet, como en el mundo real, hay centros comerciales constituidos por numerosas tiendas especializadas. Podemos entrar en áreas formadas por tiendas agrupadas y realizar nuestras compras. *Mall* es la palabra inglesa para designar estos centros.

E-procurement

(*Electronic procurement*)

Uso de las capacidades de Internet para realizar las compras de la empresa, desde la selección de productos en los catálogos, hasta la emisión de pedido, el pago y el envío y recepción.

E-tailing
(*Electronic retailing*).
Comercio electrónico entre una empresa y un particular, el denominado B2C (Business to Consumer). Es la parte del comercio que no se realiza entre empresas (Business to Business).

E-World
Servicio online para usuarios de Apple Macintosh, que llegó a tener más de 100.000 usuarios. Ya ha desaparecido.

E-zine, 'zine - Magazine o revista electrónica
Revista electrónica (*electronic magazine*) distribuida por Internet. Puede ser exclusivamente electrónica o proceder de una versión en papel, pero el término se aplica principalmente a la primera.

E*TRADE

Tecnología de transacción online utilizada por vez primera en 1983 por un médico de Michigan. En la actualidad, es utilizada en todo el mundo. La empresa fue fundada por Bill Porter en 1982, y prestaba servicios de información *online* a varias empresas, como Fidelity, Charles Schwab y Quick & Reilly. En aquella época Porter se preguntaba por qué tenía que pagar cientos de dólares por sus transacciones bursátiles, y se propuso el objetivo de que

cualquier comprador lo pudiera desde su propio ordenador. Pocos años después, en 1992, se creó E*TRADE Securities, Inc., que empezó a prestar servicios de inversiones online a través de America Online y CompuServe. En 1992 apareció www.etrade. com, que registró una gran demanda de sus servicios. En 1996, Porter confió la dirección de la compañía a Christos Cotsakos, con más de veinte años de experiencia en gestión de empresas y condecorado en la guerra de Vietnam con el corazón púrpura y la estrella de bronce al valor. Cotsakos ha hecho valer su experiencia, y llevado a E*TRADE a ocupar un lugar destacado en Internet.
Puede visitarse en www.etrade.com.

EARN
(*European Academic and Research Network*).
Parte europea de BITNET que conecta entidades académicas y de investigación con funcionalidad de correo electrónico y transferencia de ficheros.
Véase *BITNET*.

Easter egg
Véase *Huevo de Pascua*.

EDI
(*Electronic Data Interchange*)
Sistema electrónico de transmisión de datos entre empresas, muy extendido en los sectores del automóvil y la alimentación.

EDIFACT
(*Electronic Data Interchange for Administration, Commerce and Transport*)

Estándar internacional que describe la sintaxis de los mensajes de EDI.

Editor HTML - *HTML editor*
Editor de texto para la creación de páginas web en formato HTML. Uno de los más conocidos es FrontPage de Microsoft, pero hay muchos gratuitos en Internet.

.edu
Sufijo de nombre de dominio. Cuando la dirección de Internet incluye esta extensión, suele corresponder a un centro educativo, universitario, de investigación, etc. Por ejemplo, www.mit.edu, corresponde al Massachusetts Institute of Technology, www.stanford.edu, a la Universidad norteamericana de Stanford; www.ie.edu, al Instituto de Empresa de Madrid.
Véase *Dominio*.

EFF
(*Electronic Frontier Foundation*)

Organización privada sin fines de lucro, fundada en California en julio de 1990, que se ocupa de temas tales como los relacionados con la intimidad, la libertad de expresión y el acceso a la información en Internet.
Sus principales objetivos son la resolución de los conflictos y la salvaguarda de las libertades en Internet.
Véase: www.eff.org.

Electronic Bulletin Board
Véase *BBS*.

Electronic Commerce
Véase *Comercio electrónico*.

Electronic Data Interchange
Véase *EDI*.

Electronic Data Interchange for Administration, Commerce and Transport
Véase *EDIFACT*.

Electronic form
Véase *E-form*.

Electronic Frontier Foundation
Véase *EFF.*

Electronic mail
Véase *Correo electrónico*.

Electronic mall
Véase *E-Mall*.

Electronic procurement
Véase *E-procurement*.

Emoticon
(*emotion icons*).
Expresión de las emociones o estados de ánimo de un usuario de Internet, a través del correo electrónico, usenet news y *chats*. Suelen representarse mediante caracteres ASCII (símbolos, letras y números del teclado) que, combinados, muestran caras con expresiones que se comprenden mejor si se gira a un lado la cabeza. Existen centenares, pero los más conocidos son:

:-) Sonrisa, alegría.

:-(Tristeza, enfado.

8-) Sonrisa con gafas.

;-) Un guiño, medio alegre, bromeando.

:-o Asombro, sorpresa.

Otra manera de expresar el estado de ánimo es escribir TODO EN MAYÚSCULAS, que indica que estamos gritando.

En construcción - *Under construction*

Término utilizado en muchas páginas de Internet, que a veces es sustituido por la imagen de un obrero trabajando. Indica que la página a la que se desea acceder no está terminada o ni siquiera empezada. Es aconsejable no dejar este tipo de mensajes en los web sites, y terminar las páginas antes de mostrarlas.

Encryption
Véase *Cifrado*.

Enlace - *Link*
Zona de un documento HTML (texto o gráfico) que, al ser marcado con el ratón, nos lleva a otra página o a otra zona del documento. Los enlaces permiten conectar las páginas de una web site, o incluso las de una web site con otras, haciendo posible la navegación. Los enlaces se pueden identificar de varias maneras. En el texto, la zona a la que está permitido el acceso suele estar marcada con otro color o subrayado. Asimismo, al colocar el puntero del ratón sobre un enlace, éste puede transformarse en una mano, que indica que se puede marcar en él. Otra posibilidad es que, al pasar el ratón sobre una imagen o gráfico, ésta cambie de color o forma, indicando que tiene un enlace.

EresMas

Portal español que puede visitarse en www. eresmas.com.

ES-NIC

(*España Network Information Center*)
Servicio para la gestión del Registro de los nombres de dominio de Internet bajo el código del país correspondiente a España (.es). Por delegación de la IANA (Internet Assigned Numbers Authority), máxima autoridad del sistema de nombres de Internet (DNS), el ES-NIC tiene encomendada la gestión del dominio de DNS de primer nivel para España («es») desde la introducción de Internet en nuestro país en 1990.
Véase www.nic.es.

Escáneres antivirus - *Antivirus scanners*

Aplicación que revisa nuestro sistema para identificar posibles virus y eliminarlos o, mejor aún, impedir su entrada. Es siempre posible cargar virus a través de FTP, ficheros adjuntos al correo electrónico o descarga de aplicaciones y archivos desde páginas web.

Espejo - *Mirror, mirror sites*

Dícese de la misma información contenida en dos equipos, que pueden estar separados físicamente o no. Si uno de ellos falla, el otro seguirá ofreciendo la información. Este tipo de instalación se utiliza en servidores de Internet que deben estar conectados permanentemente a la Red como, por ejemplo, los servidores de un banco. // 2. Algunas web sites y sites FTP son tan populares, y tienen tantos accesos, que se colocan servidores espejo en otras zonas, o en paralelo, con el objetivo de ofrecer una mayor calidad y velocidad en el acceso a la información.

La colocación de espejos en otras zonas permite acceder con mayor rapidez desde las áreas cercanas. Así, es frecuente que web sites europeas muy visitadas tengan un espejo en Estados Unidos, lugar donde se registra mucho tráfico. Las web sites espejos se actualizan continuamente para ofrecer la misma información que la web site original; esto suele hacerse en periódicos, portales y buscadores.

Ethernet

Protocolo para LAN (Local Area Network), desarrollado por Xerox, Intel y DEC (Digital Equipment Corporation) a principios de la década de 1970, que permite conectar ordenadores y enviar datos a 10 Mbps en una Ethernet estándar.

Eudora

Programa de correo electrónico, uno de los más populares, desarrollado por Steve Dorner en 1988 en la Universidad de Illinois. Qualcomm compró los derechos en 1991, y permite su uso gratuito. En la actualidad, el éxito alcanzado por los programas de Microsoft y Netscape ha reducido el número de sus usuarios.
Véase www.eudora.com.

European Academic and Research Network

Véase *EARN*.

Euroseek

Portal y buscador europeo de origen sueco, fundado en 1996. Sus contenidos pueden visitarse en más de 39 lenguas diferentes, lo que permite a los usuarios de los países europeos y de otros continentes localizar fácilmente la información. A mediados de 2000 en la base de datos de su buscador guardaba 1,5 millones de web sites, y recibía treinta millones de visitas mensuales.
Puede visitarse en www.euroseek.com.

Excite

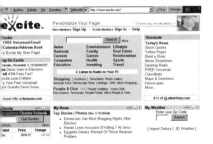

Uno de los mejores buscadores de Internet, convertido en portal y propietario de @Home. Puede visitarse en www.excite.com.
Véanse @*Home*, @*Work*.

Expansion program
Software utilizado para expandir ficheros comprimidos.

Explorer, Internet Explorer

Navegador desarrollado por Microsoft . En la actualidad es gratuito por la guerra de navegadores que protagonizó con Netscape para conseguir la mayor cuota de mercado.
Puede descargarse online desde www.microsoft.com

Extensible Markup Language
Véase *XML*.

Extranet
Intranet extendida a Internet para autorizar el acceso a personas y empresas ajenas a la organización (proveedores, distribuidores, clientes, etc.).

Facilitated chat

Chat en el que una persona controla los mensajes que aparecen en la pantalla, moderando las conversaciones. Suele utilizarse cuando un invitado es abrumado con demasiadas preguntas o cuando se producen disputas dialécticas subidas de tono.

FAQ

(Frequently Asked Questions).
Lista de las preguntas más frecuentes realizadas por los usuarios sobre un determinado tema. Junto con cada pregunta se ofrece la respuesta adecuada. Suelen referirse a aspectos técnicos, de uso de software, etc. Internet tiene un gran número de páginas dedicadas a FAQ. Podemos buscar en cualquiera de los portales colocando «faq» en la casilla de búsqueda, y encontraremos FAQ de todos los tópicos imaginables. Muchas web sites incluyen su área de FAQ para resolver a los usuarios sus problemas o dudas sobre los contenidos. En muchos listserv y newsgroups podemos encontrar FAQ con las dudas típicas sobre el tema que se trata, y recibir la respuesta con rapidez, evitando así que se hagan preguntas típicas y recibir respuestas que nos remitan a las FAQ.

Favorito - *Favorite*

Véase *Bookmark*.

FCC

(Federal Communications Commission).
Agencia independiente del gobierno esta-

dounidense fundada en 1934 y responsable de la regulación de las comunicaciones interestatales e internacionales por radio, televisión, telefonía y cable. Véase www.fcc.gov.

FDDI

(Fiber Distributed Data Interface).
Lan *token ring* de alta velocidad, que puede transmitir hasta 100 Mbps. Utiliza cable de fibra óptica.

Federal Communications Commission

Véase *FCC*.

FESTE

(Fundación para el Estudio de la Seguridad de las Telecomunicaciones).
Como señala en su web site, la Fundación para el Estudio de la Seguridad de las Telecomunicaciones (FESTE) está integrada por el Consejo General del Notariado de España, el Consejo General de los Colegios de Corredores de Comercio de España, el Consejo General de la Abogacía de España, la Universidad de Zaragoza y la empresa Intercomputer S.A. Sus objetivos son: *a)* realizar estudios y proyectos sobre los mecanismos e instrumentos de seguridad necesarios para el desarrollo y la utilización de las tecnologías de la infor-

mación y la comunicación; *b)* probar los desarrollos obtenidos; *c)* colaborar en el diseño de un marco legal adecuado para realizar la certificación de las transacciones electrónicas entre la industria, el comercio, la banca, la Administración y los ciudadanos; y *d)* actuar como servicio de certificación de las comunicaciones electrónicas, formando parte de la red europea de seguridad y confianza de las comunicaciones electrónicas.

Para alcanzar su primer objetivo, FESTE realiza estudios y proyectos sobre los mecanismos e instrumentos de seguridad necesarios para el desarrollo y la utilización de las tecnologías de la información y la comunicación.

Puede visitarse en www.feste.org.

Fiber Distributed Data Interface
Véase *FDDI*.

Fibra óptica - *Optic fiber*
Método de transmisión de luz a través de cable de fibra. El rayo de luz puede modularse para transmitir información. La fibra óptica transmite la información con mayor rapidez que otros tipos de cable, y sin pérdida de información, a diferencia de lo que ocurre con la transmisión por impulsos eléctricos, que está sujeta a posibles alteraciones, como interferencias por ondas electromagnéticas.

Fidelización, afiliación, programas de afiliación - *Affiliate programs*
(Del latín *fidelitas*).
En los programas de fidelización del mundo real se obtienen puntos (u otros premios) por viajar con determinadas líneas

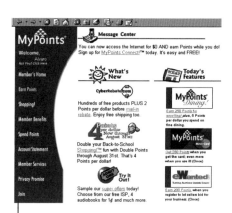

aéreas, alojarse en hoteles, alquilar coches o repostar combustible en determinadas gasolineras u otros servicios. Estos puntos se canjean a su vez por productos y servicios de estas u otras compañías.

En Internet han aparecido numerosos programas de afiliación o fidelización, que permiten obtener puntos por navegar por determinadas web sites, contestar a encuestas, comprar en comercios, escribir opiniones, registrarse en web sites, participar en juegos y un largo etcétera. Estos puntos pueden canjearse en diferentes web sites. Pueden visitarse las siguientes webs de fidelización: www.mypoints.com, www.webmiles.de, www.zakis.com, www.netels.com.

Fidonet
Red amateur de ordenadores personales creada en 1984 y extendida por todo el mundo, en la que participaban miles de BBS (Bulletin Board Services). Permitía compartir ficheros y correo electrónico, así como participar en grupos de discusión mediante conexión telefónica. En la actualidad prácticamente ha desaparecido.

File compression
Véase *Compresión*.

File server
Véase *Servidor de ficheros*.

File transfer
Véase *Transferencia de ficheros*.

File Transfer Protocol
Véase *FTP*.

File types
Véase *Formatos, tipos de*.

Filtro - *Filter*
Hardware o software que permite limitar el acceso a determinadas áreas de Internet. Pueden ser de diferentes tipos, como: *a)* Filtros para contenidos de adultos, que se instalan en el navegador e impiden que los niños puedan acceder a contenidos inadecuados. Hay filtros para otros contenidos. *b)* Filtros de correo electrónico que impiden recibir correo no solicitado (spam), tanto si procede de empresas u organismos públicos, como de otros usuarios.
Véase *SurfWatch*.

Finger
Software que permite conocer si una determinada persona está en ese momento conectada a Internet. En ocasiones es posible conocer el verdadero nombre del usuario, su terminal, o la hora y el día en que se conectó por última vez. Originalmente era una orden de UNIX, pero en la actualidad lo ofrecen varios programas, como el navegador de Netscape. Por moti-

vos de seguridad e intimidad, no todos los equipos soportan finger.

Firewall
Véase *Cortafuegos*.

Firma digital - *Digital signature*

El mejor ejemplo es el que da la Agencia de Certificación Española (ACE): Carlos conoce la clave pública de Juan y quiere recibir un texto firmado, de tal forma que Carlos tenga la seguridad de que el texto, tal y como lo recibe, sólo puede haber sido enviado por Juan. Si el texto ha sido manipulado por una tercera persona, Carlos detectará, al verificar la firma, que ese texto no corresponde al que le ha enviado Juan. Además, Carlos podrá probar que el texto recibido ha sido enviado por Juan, y éste nunca podrá negarlo (no repudio). Juan firma el texto utilizando su clave privada, conocida sólo por él, y envía a Carlos el texto firmado. Carlos lo recibe y mediante la clave pública de Juan, conocida por todos, verifica la autenticidad de la firma del texto.
Con esta técnica, cualquier persona que disponga de la clave pública de Juan puede verificar cualquier texto firmado por él, y que sólo él puede haber firmado con su clave privada.
Véase www.ace.es.

Véanse *Autoridad certificadora, Cifrado, Criptografía, Descifrado, Firma digital* y *PGP*.

First Tuesday

Reunión de emprendedores de Internet, que facilita el contacto entre personas y empresas que ofrecen capital, talento, tecnología, recursos y expansión. Para identificar a las diferentes personas según sus intereses, los emprendedores de los start-ups llevan un símbolo identificativo verde, los inversores, rojo y la prensa y proveedores de servicios profesionales, amarillo. Se celebra en locales de moda o centros de convenciones, por las tardes, e incluye presentaciones de nuevos empresarios y espónsors. En la actualidad se celebran First Tuesday en más de sesenta ciudades del mundo, y los interesados pueden inscribirse a través de su web site. Ofrece un servicio gratuito de listas de correo para que los inscritos puedan mantener correspondencia sobre estos temas y recibir las invitaciones a los distintos eventos, así como un foro de trabajo con ofertas de empleo. El nombre procede del primer día en que se celebró el evento inaugural, el primer martes de octubre de 1998 en Londres.
Puede visitarse en www.firsttuesday.com.

Flame

Voz inglesa que significa llameante o flameante y designa la colocación de mensajes insultantes, de queja o de enfado en las listas de correo electrónico y *Newsgroup*. Suelen producirse cuando se violan las normas de netiquette (etiqueta en Internet). Si la persona a la que se envía un *flame* responde con otro, suele provo-

carse una *flame war*, con intercambio de numerosos *flames*. El verbo es *flaming*, y es un hecho bastante frecuente
Véase *Netiquette*.

Flame mail

Envío de mensajes insultantes, de queja o coléricos por correo electrónico.

Flame war, Flame bait

Serie de mensajes insultantes (flames) puestos en un foro de discusión. Algunos usuarios ponen estos mensajes para provocar guerras de *flames*. El resultado suele ser una sucesión interminable de correos electrónicos, ya que cada vez es mayor el número de usuarios involucrados que alimentan la guerra.

Flamer

Persona que envía flames.

Flash

Producto de software propiedad de Macromedia que permite crear animaciones vectoriales de gran calidad, con la ventaja de que ocupan muy poco espacio, y por tanto se descargan con gran rapidez. A esto se ha de añadir que también permite la interactividad, y el usuario puede ejecutar determinadas órdenes en los menús. Suele utilizarse para dibujos animados, mapas, banners, etc. Los documentos creados en Flash se almacenan en el formato con la extensión «.swf».

Prácticamente, todos los navegadores actuales lo soportan; sólo si se trabaja con versiones antiguas pueden presentarse ciertos problemas de visualización. Windows 98, Netscape Navigator, America Online y el sistema operativo de Apple Macintosh lo llevan asimismo incorporado. Para navegadores que no lo llevan, puede descargarse de modo gratuito el «Flash Player».

En el ejemplo de la ilustración puede verse la página principal de Coca Cola (www.cocacola.com), que utiliza esta tecnología en su creación.

Véase www.macromedia.com

Flash player
Reproductor para visualizar contenidos Flash.

Flate rate
Véase *Tarifa plana.*

Follow-up
Respuesta que se sitúa en un newsgroup, permitiendo continuar la conversación sobre el tema que se está tratando.

Fondo - *Background*
En una página web, color, gráfico o imagen que se utiliza tras el texto e imágenes que conforman la página.

Form
Véase *E-form.*

Formatos, tipos de - *File types*
Los ficheros pueden almacenarse en diferentes formatos, en función de su contenido: audio, texto, vídeo, imágenes, etc. Algunos de los más frecuentes en Internet son: GIF, para fotografías e imágenes; JPEG, para fotografías; MPEG, para sonido, vídeo y animación; AVI, para vídeo y animación; WAV, para sonido; EXE, programa ejecutable.

Formatos de compresión - *Compression formats*
Existen numerosos programas para comprimir y descomprimir ficheros. Estos programas guardan los ficheros en formatos propios. Algunos ejemplos son .zip, .arj, .lzh o .tar.

Foro de discusión - *Forum*
Del latín *forum,* plaza donde, en Roma, se trataban los negocios públicos y el pretor celebraba los juicios.
Véase *Newsgroups.*

Forward, forwarding

Envío a una tercera persona de un correo electrónico recibido por el usuario. // 2. En el navegador, botón de la barra de navegación que permite volver a la página desde la que se ha retrocedido (ver imagen).

Frames
Separación de una página web en dos o más secciones HTML independientes. Cada una de ellas se denomina *frame* y puede actuar por separado. Algunas web sites ofrecen la posibilidad de navegar con o sin *frames*, ya que algunos navegadores (sobre todo las versiones muy antiguas) no permiten el uso de frames. Lo más habitual es colocar a la izquierda de la pantalla un índice de los temas de la web site que, al ir pulsando, van cambiando las páginas de la zona de la derecha. Dos son las principales ventajas: se tiene permanentemente presente el índice y se reduce el tiempo de descarga de las páginas.

Freemail
Servicio que ofrece correo electrónico gratuito a cambio de que el usuario vea una determinada publicidad o facilite determinados datos personales. Es muy utilizado en portales y otros entornos de información. Sus principales ventajas son su gratuidad y la posibilidad de acceder al correo desde cualquier ordenador conectado a Internet con sólo introducir la clave y la contraseña. Uno de los servicios más conocidos es el de Hotmail, propiedad de Microsoft.

Freenet
Servicio sin ánimo de lucro que tuvo bastante éxito en Estados Unidos entre los usuarios domésticos. Consiste en el acceso gratuito o a un precio muy reducido a Internet, por lo general durante una hora diaria, que se ofrece a los usuarios de un área concreta o a través de bibliotecas públicas. Los servidores están afiliados al NPTN (National Public Telecomputing Network).

Freeware
Software de uso gratuito que puede descargarse, copiarse y distribuirse desde Internet como, por ejemplo, determinados *plug-ins* o juegos. Por otra parte, al ser gratuito, no suelen ofrecerse actualizaciones ni soporte. Freeware y shareware son conceptos diferentes; el shareware, por lo general, puede usarse gratuitamente durante un tiempo limitado (suelen ser 30 días) y posteriormente debe pagarse una cuota para poder seguir utilizándolo (no suele ser elevada).
Véase *Shareware*.

Frequently Asked Questions
Véase *FAQ*.

From:
Parte del mensaje de correo electrónico que permite conocer a la persona o empresa que lo ha enviado.

Front Page
Programa de diseño y creación de páginas web del tipo WYSIWYG (What-You-See-Is-What-You-Get) desarrollado por Microsoft. Es uno de los más utilizados.

FTP
(*File Transfer Protocol*)
Una de las primeras herramientas estándar de Internet, muy conocida y utiliza-

da por su sencillez y rapidez. Es el protocolo que permite transferir, copiar, mover y borrar archivos de un ordenador a otro (por lo general desde nuestro ordenador personal a servidores remotos y viceversa), independientemente del tipo de ordenador y del lugar donde se encuentre emplazado.

Hay innumerables servidores FTP desde los que se pueden descargar todo tipo de archivos de uso público (documentos y programas). Existen también los FTP anónimos (*anonymous FTP*) en los que no es necesario introducir la contraseña y, por lo tanto, no se descubre nuestra identidad. Cuando creamos o actualizamos páginas web, utilizamos FTP para transferir los archivos desde nuestro ordenador al servidor, desde el que se ofrecerán a los restantes usuarios de Internet. Para ello necesitamos una identificación de usuario (*user ID*) y una contraseña.

Otros estándares conocidos son: HTTP (*Hypertext Transfer Protocol*), que transfiere páginas web y documentos relacionados; y SMTP (*Simple Mail Transfer Protocol*), que transfiere correo electrónico.

FTP anónimo - *Anonymous* FTP

(*Anonymous File Transfer Protocol*).
Servicio disponible en innumerables *sites* FTP de Internet. Permite a cualquier persona descargar gratuitamente documentos, ficheros y programas públicos mediante FTP sin necesidad de utilizar la identificación de usuario (*user ID*) ni la contraseña. Para acceder, se escribe la palabra *anonymous* como identificación de usuario y la dirección de correo electrónico u otra palabra como contraseña.

FTP *Client*

Software utilizado para poder realizar FTP. Abre un acceso entre nuestro ordenador y el servidor FTP.

FTP *Privileges*

Privilegios que nos concede nuestro ISP para que podamos realizar FTP de nuestras páginas directamente a su servidor. Entre los privilegios se incluye la contraseña que nos permite el acceso.

Fundación para el Estudio de la Seguridad de las Telecomunicaciones

Véase *FESTE*.

FYI

(*For Your Information*).
Acrónimo que suele utilizarse en los mensajes de correo electrónico. Se usa como encabezamiento de un documento o copia de correo que se envía a otra persona.

Gateway

(Voz inglesa que significa entrada o paso). En informática, ordenador que conecta dos o más redes u ordenadores que utilizan protocolos y aplicaciones diferentes (incompatibles) y permite que puedan comunicarse entre sí. Modifica los datos, es decir, convierte los protocolos, y hace posible que lleguen al ordenador de destino de manera legible. No deben confundirse los *routers* con los gateways.

Gb

(*Gigabit*).
Símbolo de gigabit.
Véanse *Bit*, *Byte*.

GB

(*Gigabyte*).
Símbolo de gigabyte. 1 GB (Gigabyte) equivale a 1.000 *Megabyte*. 1 GBps (Gigabyte por segundo)
Véanse *Bit*, *Byte*.

Gbps

Símbolo de gigabit por segundo
Véanse *Bit*, *Byte*.

GBps

Símbolo de gigabyte por segundo.
Véanse *Bit*, *Byte*.

Geographic Information System

Véase *GIS*.

GIF

(*Graphics Interchange Format*).

Formato gráfico creado en la década de 1980, que se identifica por la extensión de archivo «.gif». Es el método más utilizado en Internet para comprimir y mostrar imágenes (dibujos y fotografías) con hasta 256 colores (8 bits) y transmitirlas con rapidez. Existen dos versiones, 87a (definida en 1987) y 89a (en 1989), que permite crear imágenes simulando animaciones en forma de secuencia corta, muy utilizada en la creación de banners publicitarios; se suele denominar gif animado (*animated* GIF). Las versiones entrelazadas (*interlaced*) muestran la imagen de manera gradual mientras se va descargando. GIF permite, asimismo, crear fondos transparentes. Con estas características, GIF se utiliza para los botones, fondos, cuadros, dibujos, fotografías, anuncios, etc., de las páginas.

Otro formato muy utilizado es JPEG, que no está sujeta a la limitación de los 256 colores, por lo que es más adecuado para mantener la calidad de las fotografías.

GIF animado - *Animated* GIF

Véase *GIF89a*.

GIF entrelazado - *Interlaced* GIF

Característica del formato GIF que permite que se genere gradualmente la imagen mientras se descarga. Al principio apenas se puede reconocer la imagen ya que aparece como desenfocada, pero va completándose en forma de capas sucesivas hasta su total descarga.

GIF transparente - *Transparent* GIF

En el formato GIF, uno de sus colores es el transparente. Cuando se coloca sobre un fondo de color, aparece como si la imagen estuviera integrada en él. De esta manera se consiguen imágenes con formas más agradables que el típico rectángulo de una imagen.

GIF89a

Versión del formato GIF aparecida en julio de 1989. Respecto a la versión anterior (87a), su principal ventaja es que permite crear imágenes animadas, basadas en una secuencia corta de imágenes que se suele repetir constantemente.

Gigabit

Unidad de medida de transmisión de datos que equivale a 1.000 megabits.
Véase *Gb*.

Gigabyte

Unidad de medida de memoria que equivale a 1.000 megabytes.
Véase *GB*.

GIS

(*Geographic Information System*).
Sistema de Información Geográfica que capta, analiza, manipula y muestra los resultados de datos relativos a la geografía terrestre, combinándolos a conveniencia del usuario.
En Internet tiene numerosas aplicaciones: planos de países y ciudades (códigos postales, establecimientos, calles, etc.), información meteorológica, mapas de carreteras, datos de población, etc.
Véase www.gis.com.

GMT

(*Greenwich Mean Time*)
Hora en el meridiano de Greenwich, utilizada en Internet de manera estándar para tener la misma referencia horaria en todos los países. En Internet se pueden ver referencias GMT en chats que comienzan a determinada hora, información meteorológica, noticias, etc.

Go Network

Portal propiedad de Walt Disney Internet Group, creado en colaboración con la compañía Infoseek. Está orientado a los niños y familias y tiene un motor de búsqueda especializado. Puede visitarse en www.go.com.

Gopher

Sistema basado en un menú jerárquico sobre texto, que organiza y permite la búsqueda de archivos y programas en Internet por temas comunes. Cada menú contiene enlaces a archivos, a otros sites gopher o a motores de búsqueda de bases de datos. Esta herramienta facilita el acceso a archivos de servidores FTP, así como a archivos de Telnet y Archie. Mediante gopher es posible hacer Telnet con ordenadores remotos y realizar búsquedas en bases de datos. Cada servidor gopher tiene su propio menú de archivos y programas. Puede accederse a estos servidores mediante programas gopher (se necesita un programa «cliente gopher») y con algunos navegadores.

Gopher fue desarrollado en 1991 por la Universidad de Minnesota, y recibió este nombre por su mascota; a los habitantes de Minnesota se les denomina *gophers*. Fue muy popular durante varios años, sobre todo en las universidades. Gopher fue un precursor de la WWW, pero con la aparición de los enlaces de hipertexto, los navegadores gráficos (con Mosaic principalmente), fue cayendo en desuso, aunque todavía es posible acceder a través de los navegadores.

Las herramientas de búsqueda más populares son *Veronica* y *Jughead*.

Gopherspace

Espacio que reúne todos los servidores gopher de Internet. Para el usuario del servicio, todos estos servidores aparecen como una unidad. Procede de las palabras *gopher* y *cyberspace*.

GoTo

Compañía fundada en 1997 e instalada en California, que ofrece un potente buscador para realizar las búsquedas de ma-nera sencilla. Recientemente ha ampliado sus negocios a otras áreas de Internet. Puede visitarse en www.goto.com.

.gov

Sufijo de nombre de dominio. Cuando la dirección de Internet incluye esta extensión, suele corresponder a una agencia federal norteamericana no militar. Está reservado al gobierno de Estados Unidos. Ejemplos: www.whithouse.gov, www.dnfsb.gov o www.nasa.gov

Véase *Dominio*.

Gráficos - *Graphic*

Imágenes, dibujos, fotografías, etc., que aparecen en la página web. En general, las áreas que no son texto. Los dos formatos más utilizados son GIF y JPEG.

Graphic image

Véanse *Gráficos, Imagen gráfica*.

Graphical User Interface

Véase *GUI*.

Greenwich Mean Time

Véase *GMT*.

GroupWare - Trabajo en grupo

Tipo de software que permite trabajar en grupo a diferentes personas, compartiendo datos y elaboración de documentos. Los más conocidos son Lotus Notes y Microsoft Exchange.

Grupo de discusión - *Discussion group*

Área dentro de los USENET dedicada a un tópico concreto, a un newsgroup. Los mensajes sobre ese tema se intercambian dentro de ese grupo.

Guerra de navegadores - *Browser war*

Frase que se hizo muy popular por la batalla comercial desatada entre Netscape y Microsoft para dominar el mercado de los navegadores en Internet. En esta guerra se utilizaron campañas publicitarias, importantes reducciones de precio, llegando en ocasiones hasta la gratuidad, batallas legales, aparición continua de nuevas versiones, etc.

GUI

(*Graphical User Interface*).

Interfaces gráficos para el usuario que presentan iconos y zonas activas pulsando con el ratón. Los más conocidos son los entornos operativos de Apple Macintosh y Microsoft Windows.

Gurú - *Guru*

Experto en un determinado tema por sus amplios conocimientos sobre el mismo. Así, hay gurús de comercio electrónico, gurús de seguridad, etc.

Habitación de chat - *Chat room*

Habitaciones virtuales en las que se mantienen *chats*. Suelen estar clasificadas por temas (jóvenes, mi ciudad, etc.). Existen también habitaciones privadas que permiten conversar con una o varias personas sin que ninguna otra lea los mensajes o participe en la conversación. Se denominan también canales (*channels*).
Véase *Chat*.

Hacker

Persona que es capaz de romper la seguridad de un sistema informático y acceder a él. Suele ser un programador muy hábil, que conoce el funcionamiento de los sistemas de seguridad. Si actúa con malicia, se denomina cracker. En muchas ocasiones se confunden los dos términos, y se incluye a los hackers entre los que acceden a los sistemas para causar daños. Si preguntamos a un hacker, nos dirá que es una persona experta en informática. En cambio, si preguntamos al responsable de seguridad del sistema, afirmará que son personas malintencionadas que intentan boicotear su sistema, destruir datos, causar diversos daños, poner mensajes agresivos o insultantes o realizar actos destructivos e ilegales. En general, no existe una definición clara sobre el *hacker* ni fronteras que limiten el alcance de su actuación.
Véase www.antionline.com.

HDML

(*Handheld Device Markup Language*) Lenguaje de programación previo al WML (Wireless Markup Language) y ya obsoleto, utilizado para mostrar información de documentos creados en HTML en teléfonos móviles y PDA (Personal Digital Assistant) con pantallas pequeñas.
Véase *WML*.

Header

En un correo electrónico, áreas que preceden al texto del mensaje, con los datos del remitente, el motivo, el día y la hora. // **2**. En un paquete de datos, parte que los precede, que contiene la dirección del destinatario, sistemas de verificación de errores, etc.

Helper application

Programas externos añadidos al navegador para abrir archivos que el navegador no reconoce. Suelen utilizarse para imágenes, audio y vídeo.

Hiperlink - *Hyperlink*

Véase *Enlace*.

Hipermedia - *Hypermedia*

Imágenes, gráficos, audio y vídeo que contienen un enlace que abre otro documento al marcar sobre él.
Véase *Enlace*.

Hipertexto - *Hypertext*

Texto (palabras o frases) que contiene un enlace que conecta el documento con otro. Suele aparecer con un color diferente del que tiene el documento y su-

brayado. Cuando se sitúa el puntero del ratón sobre el texto, adopta la forma de una mano.
Véase *Enlace*.

Historial-*History list*

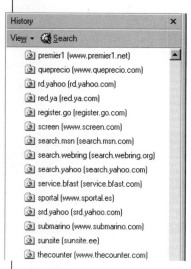

Los navegadores mantienen un archivo de los lugares que hemos visitado, pudiendo acceder a él mediante una función que nos permite visualizar lo que hemos visitado cada día o durante la semana, y volver a esa determinada página con sólo pinchar sobre el enlace.
Puede abrirse desde la barra de texto, desde el navegador o desde el icono.

Hit
Cada vez que realizamos una solicitud a un servidor de Internet, se considera un *hit* (acierto), y queda constancia en el ser-

vidor. Su alcance va más allá de la propia página, ya que las páginas pueden contener imágenes, audio, vídeo, *frames*..., y aparecen como diferentes hits. Si descargamos una página con texto y tres gráficos, constará como cuatro hits. No es un indicador fiable del número de visitantes, pero nos da una idea aproximada del tráfico. La información sobre el número de hits de una web site o de una página nos la proporciona el software de análisis de páginas, con el que podemos comprobar cuáles son las páginas más solicitadas.

Hit counter
Véanse *Contador, Contador de hits*.

Hoax (bulo, camelo)
Bulos propagados por personas malintencionadas que se difunden rápidamente por Internet, por lo general mediante el correo electrónico. Suelen provocar la alarma anunciando nuevos virus, y las personas bienintencionadas lo difunden con el fin de alertar a sus conocidos sobre el riesgo que corren. El *hoax* puede llegar a colapsar sistemas de correo de empresas.

Home
Véase *Página principal*.

Home button

Botón del navegador que permite acceder a la página que tenemos, por defecto, como página inicial.

Home page
Véase *Página principal*.

Host
El *host* es el equipo del ISP que nos conecta a Internet, o cualquier equipo servidor en una red (y en la propia Internet)
que presta servicios variados (envío de ficheros e información o almacenamiento
de web sites) a los restantes ordenado-
res/usuarios.

Hosting (web)
En Internet existen empresas (ISP) que disponen de espacio en sus servidores conectados a Internet para que podamos poner nuestras páginas web, y éstas a su
vez puedan ser visitadas por los demás
usuarios.
Las grandes compañías suelen almacenar
las páginas en sus propios ordenadores,
pero ésta es una buena solución para
particulares y empresas pequeñas que de
esta manera evitan tener servidores y líneas dedicados.

HotBot
Uno de los más potentes motores de
búsqueda.
Puede visitarse en www.hotbot.com.

Hotlink
Véase *Enlace*.

Hotlist
Véase *Bookmark*.

Hotmail

Empresa adquirida por Microsoft que prestaba servicio gratuito de correo electrónico en web. Fue una de las pioneras, y con-
tó con un elevado número de usuarios.

Hotspot
Área de una imagen en una página web,
con un enlace a otra página.

HTM
Es lo mismo que HTML. Con los antiguos
sistemas operativos (Windows 3.1 y OS/2),
existía una limitación en el número de caracteres que podía contener el nombre
de un archivo (ocho caracteres para el
nombre y tres para el sufijo). Esto hacía
que el sufijo en lugar de HTML fuera
«.htm». Con los actuales sistemas operativos (sobre todo las nuevas versiones de
Windows), este problema ha quedado re-
suelto y pueden utilizarse archivos termina-
dos en «.html».

HTML
(*Hypertext Markup Language*).
No es un lenguaje de programación, sino un sistema utilizado para crear y dar
formato a los documentos hipertexto en
la World Wide Web basado en el están-

dar SGML. Utiliza comandos de formato denominados tags, que el navegador reconoce y permite que muestre los textos ASCII (colores, tamaños, subrayados, etc.), las imágenes, que especifique las áreas que llevan a otros documentos, etc. Por ejemplo <title>BMW</title> indica que la palabra «BMW» es un título del documento. Casi todas las páginas de Internet están creadas en HTML, y los archivos utilizan la extensión «.html» o, en menor medida, «htm». Las normas y cambios de HTML los establece el World Wide Web Consortium (W3C) a fin de estandarizar el lenguaje. Sin embargo, los navegadores muestran la información de distintas maneras, y con frecuencia, al entrar en una página principal de una web site, podemos encontrarnos con el siguiente mensaje «esta web se ve mejor utilizando el navegador de la compañía...».

HTML 2.0
HTML desarrollado por el grupo de trabajo del IETF. Es el estándar de las características principales de HTML.

HTML 3.2
Recomendación de W3C de principios de 1996, que representa el acuerdo de las características de HTML en 1996. Se añadieron nuevas características como tablas, *applets*, *super* y *subscripts*, así como compatibilidad con la versión de HTML 2.0

HTML 4.0
Recomendación de la W3C con la primera versión de diciembre de 1997 y la segunda de abril de 1998. Amplía las características de la versión anterior, con scripting, frames, objetos embebidos y otras. Posee además unas características que facilitan el acceso de las personas discapacitadas.

HTML 4.01
Revisión de la versión 4.0 realizada en diciembre de 1999, en la que se resolvían errores y se realizaban algunos cambios. La siguiente versión de la W3C se denomina XHTML.

HTML dinámico - *Dynamic* HTML (DHTML).
Nueva generación de HTML que permite contenido dinámico multimedia y personalizado, y describe cómo deben mostrarse el texto y las imágenes en la página web. Los creadores de contenido HTML diseñan las páginas, y las utilizan de nuevo en otras páginas web. Las páginas responden a las solicitudes de los usuarios ofreciendo contenidos que cambian cada vez que se muestran. Ha sido desarrollado por Netscape y el W3C (World Wide Web Consortium), y está basado en estándares HTML y Java.

HTML *document*
Véase *HTML*.

HTML *editor*
Véase *Editor HTML*.

HTTP
(*HyperText Transfer Protocol*)
Protocolo operativo desde 1990 que controla la comunicación entre un servidor y un cliente World Wide Web y la transferencia de los documentos (texto, gráfi-

cos, imágenes, sonido, vídeo, etc.) que viajan por Internet. La mayoría de las direcciones de Internet comienzan con «http://». Cada servidor web contiene un HTTP *daemon* (HTTPD), programa que recibe y gestiona las peticiones HTTP. Desde nuestro navegador (HTTP cliente) podemos solicitar una dirección URL o marcar un enlace de la página web. Esta solicitud viaja hasta el HTTP daemon del servidor de destino, que proporciona la información solicitada.

HTTP 1.1
Versión desarrollada por el Internet IETF (Internet Engineering Task Force), que ofrece las páginas con mayor rapidez en nuestro navegador.

HTTPD
(*HyperText Transfer Protocol Daemon*).
El HTTPD actúa ante solicitudes procedentes del resto de la Red, a fin de iniciar el proceso necesario para enviar las respuestas. Cada servidor web incluye un HTTPD. Véase *Daemon*.

HTTPS
(*Secure Hypertext Transfer Protocol*).

Variante de HTTP desarrollada por Netscape para soportar transacciones seguras. Conecta servidores HTTP utilizando SSL, cifrando y descifrando las solicitudes de página del usuario y las páginas que se reciben desde el servidor web.
Si utilizamos Netscape, aparecerá una llave o un candado cerrado en la zona inferior izquierda; si navegamos con Microsoft Explorer, el candado aparecerá en la parte derecha.

Huevo de Pascua - *Easter egg*
Áreas secretas dentro de los programas, que colocan los programadores con sus nombres, chistes, juegos o anécdotas. Suelen estar muy escondidas, y no tienen una función concreta, salvo la diversión de su creador ante el hecho de que los demás intenten encontrarlas. Su nombre se debe a la similitud con los huevos de Pascua, que incluyen una sorpresa dentro. Son habituales en muchos programas informáticos, como Excel, FrontPage o Windows, y cada vez más en web sites.

Hyperlink
Véase *Hiperlink*.

Hypermedia
Véase *Hipermedia*.

Hypertext
Véase *Hipertexto*.

Hypertext Markup Language
Véase *HTML*.

Hypertext Transfer Protocol
Véase *HTTP*.

IAB (.net)
(Internet Advertising Bureau).

Organización sin fines de lucro dedicada a mejorar el uso y la efectividad de la publicidad en Internet.
Puede visitarse en www.iab.net.

IAB (.org)
(Internet Architecture Board).
Grupo de asesoría técnica perteneciente a Internet Society. IAB se ocupa, entre otras funciones, de la supervisión de la arquitectura de los protocolos y procedimientos utilizados en Internet, y de asignar los parámetros de los procesos utilizados para crear los estándares. Es un organismo de soporte del IETF (Internet Engineering Task Force). Originariamente denominado Internet Activities Board, fue fundado en 1983 y presidido por Dave Clark. Eran los tiempos en que Internet era una actividad de investigación del gobierno norteamericano.
Puede visitarse en www.iab.org.

IANA
(Internet Assigned Numbers Authority).

Autoridad responsable originalmente de la distribución de las direcciones IP, la coordinación de la asignación de los parámetros de los protocolos en estándares técnicos de Internet y el control de los DNS, incluida la delegación de los dominios de alto nivel. En la actualidad, bajo la responsabilidad de ICANN (Internet Corporation for Assigned Names and Numbers), IANA continúa distribuyendo direcciones a los registradores de Internet, coordina con el IETF y otros la asignación de los parámetros de los protocolos y supervisa la operativa de los DNS. IANA está situada en el Information Sciences Institute de la Universidad de California del Sur (University of Southern California).
Puede visitarse en www.iana.org.

ICANN
(Internet Corporation for Assigned Names & Numbers).

Organismo privado, sin fines de lucro, de coordinación técnica de Internet. Creado en octubre de 1998 por un amplio grupo de comunidades técnicas, empresariales, académicas y de usuarios, ICANN es responsable de las áreas de funciones técnicas que previamente dependían del gobierno de Estados Unidos a través del

IANA y otras organizaciones. ICANN es responsable, entre otras áreas, de los nombres de dominio de Internet y las direcciones numéricas IP.
Puede visitarse en www.icann.org.

ICMP

(Internet Control Message Protocol).
Protocolo estándar para generar mensajes de error, control de paquetes y mensajes de información relacionados con el protocolo de Internet (IP), errores y control de mensajes en sistemas de Internet.

Icono - *Icon*

(Del griego eikón, imagen). Imagen o dibujo de pequeño tamaño que representa de manera gráfica un objeto en la página web. Es un componente fundamental de un GUI (Graphical User Interface). Por ejemplo, un dibujo de un sobre postal o un buzón de correo en una página web indica que, al pinchar con el ratón, podemos enviar un correo electrónico.

ICQ

(I Seek You).
Programa de Internet que se puede descargar y permite conocer las personas que están conectadas a Internet y entrar en contacto con ellas, enviándoles mensajes, jugando mediante ordenador o conversando (chat). Al descargar el programa se recibe un número de identificación de usuario, y el proceso de registro es sencillo.

ICSA

Compañía establecida en el año 1989, líder en servicios de control de seguridad para compañías conectadas a Internet. Sus servicios reducen sensiblemente los riesgos y mejoran la calidad de las implantaciones de seguridad. En la actualidad certifican casi el 100 % del software antivirus del mercado, firewalls de redes y productos de detección de intrusos y criptografía.
Puede visitarse en www.icsa.net.

Identificación de usuario - *User ID, username*

Identificador único de tipo alfanumércio que se ha de colocar cada vez que se desee acceder a un determinado servicio en Internet. El identificador de usuario va acompañado de una contraseña (*password*).

IESG
(*Internet Engineering Steering Group*).
Responsable de la gestión técnica de las actividades del IETF y de los procesos estándares de Internet. Forma parte del ISOC (Internet Society), administra los procesos de acuerdo con las normas y procedimientos que han sido ratificados. Es el responsable de la aprobación final de las especificaciones de Internet como estándares.

IETF
(*Internet Engineering Task Force*).

Comunidad internacional abierta y muy numerosa que reúne diseñadores de redes, operadores, empresas comerciales e investigadores relacionados con la evolución de la arquitectura de Internet. Los trabajos técnicos son realizados por grupos formados por áreas de conocimiento, como seguridad, transporte, *routing*, etc.
Fue fundada formalmente en 1986 bajo la presidencia de Phill Gross.
Puede visitarse en www.ietf.org.

Image map
Véase *Clickable image map*.

Imagen *bitmap*
Véase *Bitmap*.

Imagen gráfica - *Graphic image*
Véase *Gráficos*.

IMAP
(*Internet Mail Access Protocol*).
Protocolo de correo que permite gestionar el correo electrónico. El usuario puede revisar los motivos de los mensajes, crear o eliminar carpetas de correo y sus mensajes, sin necesidad de descargar el correo en su ordenador, ya que éste se mantiene en el servidor.
Otro protocolo conocido es el POP3 (Post Office Protocol 3). Con él, cuando accedemos a nuestro correo, lo descargamos en nuestro ordenador, quedando eliminado del servidor.
Ambos protocolos no deben confundirse con SMTP, protocolo de transferencia de correo electrónico entre dos puntos de Internet, que necesita uno de ambos protocolos para poder leer el correo.

Impresión - *Impression*
En general, cada descarga y visualización de una página web desde el servidor (*page views*). Es un término más preciso que el de *hits*, ya que este último cuenta independientemente los componentes de la página (por ejemplo, tres imágenes suman tres *hits*). El número de impresiones proporciona un índice del éxito de la web site y se mide mediante programas especiales que analizan la información del servidor.
En términos publicitarios se refiere al número de veces que se muestra un banner, medido en días o meses. Puede ser un sinónimo de *ad view*.

Inbound link
Enlace a una determinada página desde otras zonas de Internet que atrae tráfico a la misma.

Inbox

Archivo donde se recoge el correo electrónico. En el ejemplo, podemos ver el de un correo electrónico de uso gratuito (www.canal21.com) con los mensajes que han entrado y sus cabeceras, el tamaño que ocupan y la persona que lo ha enviado.

Incubadora - *Incubator*

(Del latín *incubare*, incubar). Nombre que reciben las empresas que desarrollan y lanzan diversos proyectos de Internet de modo empresarial, por su similitud con la máquina que calienta los huevos de las aves hasta que nacen los pollos.

Infind

Motor de metabuscador.
Puede visitarse en www.infind.com.

Infobahn

Variante de las *information superhighway* o superautopistas de la información.

Infobot

Véase *Mailbot*.

Infomediarios

Empresa de Internet que localiza, almacena y organiza la información que ofrece a sus usuarios. También reciben este nombre las empresas que comercian con información electrónica. Por ejemplo, los infomediarios de B2B realizan subastas para poner en contacto a compradores y vendedores y obtener un porcentaje de la venta.

Information packet

Conjunto de datos enviados a través de una red.

Information Superhighway

Visión ideal de Internet según el término popularizado por el político norteamericano Al Gore (cuando era vicepresidente de gobierno), que exponía el futuro de las redes de comunicaciones de manera integrada (Internet, televisión por cable, teléfono, ocio, etc.) y de alta velocidad.

Information Technology

Véase *IT*.

Infoseek

Uno de los buscadores más conocidos y potentes de Internet.
En la actualidad está integrado en www.go.com. Su antigua dirección era www.infoseek.com.

Inktomi

Empresa norteamericana fundada en 1996, líder en tecnologías de Internet, especialmente las relacionadas con servicios de búsqueda y directorios, que son utilizados por los principales portales y buscadores.
Puede visitarse en www.inktomi.com.

Inteligencia artificial - AI (*Artificial intelligence*)

Área de la informática-computación que trabaja en la simulación de la inteligencia humana en sistemas informáticos.

Interlaced GIF

Véase *GIF entrelazado*.

International Organization for Standardisation

Véase *ISO*.

International Telecommunication Union

Véase *ITU*.

Internauta - *Internaut*

Persona que navega por Internet.

internet (con minúsculas)

Dos o más redes conectadas.

Internet, la Red - *Internet, the Net*

Red creada en 1969 y formada por millones de ordenadores interconectados que utilizan el estándar TCP/IP (Transmission Control Protocol/Internet Protocol). Está formada por World Wide Web, correo electrónico, FTP (protocolo de transferencia de ficheros), gopher, usenet news-groups (grupos de discusión), Telnet e IRC (Internet Relay Chat) y otros componentes. En los últimos años ha experimentado un crecimiento exponencial en número de usuarios, servidores y web sites que ha hecho que sea la tecnología más relevante en la sociedad.

Sus inicios se remontan a la época de la guerra fría entre Estados Unidos y la antigua URSS, en la que el departamento de Defensa norteamericano creó ARPANet (Advanced Research Projects Agency), una red militar de servidores que seguiría funcionando en el caso de que alguno de ellos fuera destruido. Posteriormente, en 1972, pasó al mundo universitario y a la investigación, y en 1993 se permitió su uso comercial. Las áreas más conocidas de Internet son el correo electrónico y la World Wide Web, también denominada WWW o la Web, y una de las características que la han hecho más útil es el hipertexto, que permite definir áreas en el texto que, al hacer click con el ratón sobre ellas, nos llevan a otras páginas relacionadas. Además del hipertexto están los enlaces a través de imágenes, dibujos, audio, vídeo, etc., que también nos llevan a otras páginas. A través de la WWW se puede acceder a millones de páginas sobre cualquier tema imaginable. Para ello se utilizan los navegadores, que permiten desplazarse a través de las páginas y obtener el aspecto gráfico de las mismas (imagen, audio y vídeo). Los navegadores más conocidos son Netscape Navigator y Microsoft Internet Explorer.

Internet Access Provider

Véase *ISP*.

Internet account
Véase *Cuenta de Internet.*

Internet address
Véase *Dirección.*

Internet Advertising Bureau
Véase *IAB (.net).*

Internet Architecture Board
Véase *IAB (.org).*

Internet Assigned Numbers Authority
Véase *IANA.*

Internet Control Message Protocol
Véase *ICMP.*

Internet Corporation for Assigned Names & Numbers
Véase *ICANN.*

Internet Engineering Steering Group
Véase *IESG.*

Internet Explorer
Véase *Explorer.*

Internet Mail Access Protocol
Véase *IMAP.*

Internet marketing
Los métodos tradicionales de marketing del mundo real se han adaptado a Internet. En este nuevo mundo cambian muchos conceptos, ya que el comercio electrónico ha sustituido al convencional y al teléfono, la información de las web sites por los catálogos tradicionales, y un lar-

go etcétera que obliga al profesional a adaptarse y aprender las nuevas reglas. Existen innumerables web sites en las que se explican temas relacionados con el marketing, así como asociaciones específicas.

Internet Network Information Center
Véase *InterNIC.*

Internet Protocol
Véase *IP.*

Internet Protocol Address
Véase *Dirección IP.*

Internet Protocol Number
Véase *Número IP.*

Internet Protocol Version 6
Véase *IPV6.*

Internet Relay Chat
Véase *IRC.*

Internet Research Task Force
Véase *IRTF.*

Internet server
Véase *Servidor.*

Internet Service Provider
Véase *ISP.*

Internet Society
(ISOC).

Organización no gubernamental y sin fines de lucro fundada en enero de 1992 con sede en Reston, Virginia. Está integrada por expertos internacionales, y sus principales objetivos son estimular el crecimiento y la evolución de Internet, así como coordinar los estándares, las tecnologías y las aplicaciones. A mediados de 2000 estaba formada por más de 150 organizaciones y seis mil miembros en más de cien países. Ostenta el liderazgo en los temas relacionados con el futuro de Internet, y es la organización matriz de los grupos responsables de los estándares de infraestructuras de Internet, incluyendo el IETF (Internet Engineering Task Force) y el IAB (Internet Architecture Board). Dirige la cooperación global y la coordinación de Internet, así como las tecnologías de interconexión y sus aplicaciones.

Puede visitarse en www.isoc.org.

Internet World

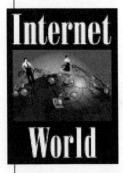

Es, probablemente, la feria más reconocida de Internet. Se celebra cuatro veces al año en diferentes ciudades de Estados Unidos, y anualmente en varios países del mundo. Reúne a expositores relaciona-dos con todos los ámbitos del conocimiento y el negocio en Internet, y simultáneamente celebra conferencias, foros y presentaciones de nuevas tecnologías. Puede visitarse en www.penton.events.com, donde también se ofrece información sobre otras ferias.

Internet2

Organización sin fines de lucro, formada por más de 170 universidades norteamericanas que trabajan en colaboración con las empresas privadas (principalmente las relacionadas con las telecomunicaciones) y el gobierno para desarrollar y ofrecer aplicaciones y tecnologías de red avanzadas que permitan acelerar la creación del futuro Internet.

Internet2 recrea los lazos que existieron entre la universidad, la industria y el gobierno, y que dieron lugar al actual Internet. En contra de lo que muchos puedan pensar, Internet2 no es una red física separada para reemplazar a la actual, sino que desarrolla nuevas tecnologías y capacidades utilizables en Internet. Como ejemplo, destacan sus trabajos en Ipv6 y elevado ancho de banda para aplicaciones multimedia.

Colabora con la NGI (Next Generation Internet) en muchas áreas.

Puede visitarse en www.internet2.edu.

InterNIC
(Internet Network Information Center).

InterNIC

Organización formada por la NSF (National Science Foundation), Network Solutions, Inc. y AT&T. Centro responsable de varias áreas de Internet, aunque es más conocido por el registro y mantenimiento de los nombres de dominio com, edu, gov, net y org. Si tenemos un web site y queremos que tenga un nombre de dominio con uno de estos sufijos, debemos comprobar si está registrado, y en caso de estar libre, registrarlo en InterNIC, o hacerlo a través de otra empresa intermediaria, que cobrará unos honorarios por el servicio.
Otro tipo de dominios –los geográficos por países– están administrados por el US Domain Name Registration Services y por los respectivos países.
Puede visitarse en www.internic.net .
Véase *Dominio*.

Intranet
Red privada de tipo Internet, que suele utilizar las mismas herramientas, software (navegador...) y protocolos de Internet, como TCP/IP y HTTP. Suelen ser utilizadas por las empresas para aumentar la eficiencia y mejorar los canales de información y trabajo en grupo de los empleados. Por lo general, incluye conexiones a Internet.

IP
(Internet Protocol).
Protocolo empleado para conectar las redes a Internet. Es el protocolo de transporte utilizado como base de Internet que dirige el modo de envío de la información de una zona de la Red a otra en paquetes que se ensamblan cuando llegan a su destino. Cuando recibimos una página web en nuestro navegador, la información llega en pequeños paquetes que se acoplan para crear la página.

IP address
Véase *Dirección IP*.

IP number
Véase *Número IP*.

IPV6
(Internet Protocol Version 6).

También denominado Ipng (Internet Protocol next generation), es el nuevo protocolo diseñado por el IETF (Internet Engineering Task Force) para sustituir a la versión 4 (IPv4). La versión 4, con cerca de veinte años de existencia, comienza a presentar algunos problemas –el principal es el agotamiento de las direcciones que quedan libres–, pero destacan también las mejoras que se producen en la autoconfiguración del enrutado y de la red. La versión 6 sustituirá gradualmente a la 4, pero coexistirán durante varios años. Puede instalarse como una ampliación de software en dispositivos de Internet y es compatible con Ipv4. Está diseñada para funcionar correctamente en redes de altas prestaciones, y también es adecuada para las redes de bajo ancho de banda. Véase: www.ipv6.com.

IRC
(*Internet Relay Chat*).
Programa pionero de chat que permite mantener conversaciones en directo con usuarios de todo el mundo, escribiendo mensajes que pueden ser leídos y contestados inmediatamente. Está compuesto por varias redes separadas de servidores IRC, que permiten a los usuarios conectarse a IRC. Los principales son EFnet (el pionero), Undernet, IRCnet, DALnet y New-Net. A mediados de 1988, el finlandés Jarkko Oikarinen presentó el irc1.0 y comenzó a funcionar el primer servidor IRC. Michael Sandrof lanzó un año después ircll, el primer cliente IRC. En 1991 tenía quinientos usuarios, a finales de 1997 eran 175.000 y en la actualidad su número es enorme.
Cuando nos conectamos a un servidor, nuestro nickname (nombre ficticio que sustituye al nuestro original, por ejemplo, «supermán») queda registrado en forma de hasta 8 o 32 caracteres según las redes. IRC está compuesto por canales (*channels*) o habitaciones (*rooms*), y cada canal va precedido por el símbolo «+», «&» o «#», siendo este último el más frecuente. Por tanto, un canal deportivo se llamará #sports. En cada canal podemos conversar sobre un tópico determinado con varias personas a la vez, o sólo con una, si deseamos mantener una conversación privada.
En los canales suele haber unas personas que controlan la conversación, son los *channel operators* u *ops*. Cuando se tratan temas inadecuados, se insulta, etc., pueden expulsar (*banning*) al usuario, también pueden nombrar nuevos *ops* y nuevos temas de IRC. Si no estamos de acuerdo con el *ops*, podemos crear nuestro propio canal.
Cada canal está compuesto por tópicos (*topics*) que tratan determinados temas de ese canal. Por ejemplo, «*Topic for sports: baseball players. Set by Trevor*», los tópicos nos resumen el tema de que se trata.
IRC tiene términos propios que conviene conocer:
afk: Lejos del teclado, *away from keyboard*.
Ban: ser expulsado permanentemente de un canal.
brb: He vuelto, *be right back*.
Channels: Habitación de chat, o *chat room*.
ChanOp: Operador del canal, *channel operator*.
IRC: *Internet Relay Chat*.
IrcOp/Oper: Operador del servidor IRC, *IRC Server Operator*
Kick: ser expulsado de un canal por un op.
Kline/Gline: estar proscrito en un servidor.
LOL: Reír ruidosamente, *laughing out loud*.
Mode: Ajustes del canal o del usuario.
re's / rehi: Hola de nuevo, *hello again*.
ROFL: Rodando de risa por el suelo, *rolling on the floor laughing*.
wb: Bienvenido de nuevo, *welcome back*.
Además de canales en inglés, los hay en otros idiomas, como #espanol (español), #russian (ruso), #nippon (japonés), #42 (finlandés), #warung (malayo), #polska (polaco). Prácticamente todos los idiomas

están representados, y si el nuestro no lo está, podemos crear un canal.

Véase www.irchelp.org y www.irc.net.

Véanse *Acrónimo*, *Chat*.

IRTF

(Internet Research Task Force).

Grupo dependiente del IAB integrado por investigadores de Internet que afrontan los retos tecnológicos que van produciéndose.

El IRTF se ocupa de los temas relacionados con protocolos, aplicaciones, arquitectura y tecnología de Internet.

Puede visitarse en www.irtf.org.

ISDN

Véase *RDSI*.

ISO

(International Organization for Standardisation).

Asociación responsable de establecer los estándares internacionales en numerosas áreas, incluidas la informática y las telecomunicaciones.

Puede visitarse en //www.iso.ch.

ISOC

Véase *Internet society*.

ISP

(Internet Service Provider).

Denominados también IAP (Internet Access Provider), son empresas y organizaciones que ofrecen acceso a Internet, ade-

más de otros servicios relacionados. Por lo general, cobran una cuota mensual o anual por el acceso, aunque hay numerosos servicios de acceso gratuito. Tienen una línea de comunicaciones dedicada, conectada permanentemente a Internet para que sus usuarios puedan acceder a la red. Los usuarios acceden mediante un módem, por línea telefónica, al servidor del ISP, el cual, tras comprobar su identidad mediante una clave y una contraseña, concede el acceso a Internet. Los ISP ofrecen otros muchos servicios, como una cuenta de correo electrónico, hospedaje de páginas web, etc. En Estados Unidos destacan MCI, AT&T. America Online ofrece numerosos servicios, además de la conexión a Internet, y cuenta con millones de usuarios. Estos servicios reciben la denominación de OSP (Online Service Providers).

IT

(Information Technology).

Área que comprende todo lo relacionado con la informática y la tecnología.

ITU

(International Telecommunication Union).

Como afirma en su página web, la historia de la ITU es la historia de las telecomunicaciones. Los hitos que se han ido produciendo son las bases sobre las que se asientan las nuevas telecomunicaciones.

El 24 de mayo de 1844, Samuel Morse envió el primer mensaje a través de una línea telegráfica entre Washington y Baltimore. Diez años más tarde, el telégrafo se puso a disposición del público. Sin embargo, en este período, las líneas telegráficas no atravesaban las fronteras de los distintos países, ya que cada uno utilizaba su propio sistema y su código telegráfico para salvaguardar la confidencialidad de sus mensajes militares y políticos. Los mensajes tenían que transcribirse, traducirse y volverse a enviar a la red del país vecino. Llegados a este punto, los países involucrados decidieron alcanzar un acuerdo, veinte países europeos decidieron reunirse para suscribir un acuerdo general, así como las normas para estandarizar los equipos y garantizar la interconexión. Tras más de dos años de negociaciones, en 1896 se firmó el primer International Telegraph Convention y se estableció el International Telegraph Union destinado a continuar con las labores subsiguientes a los acuerdos adoptados. Ésta fue el acta de nacimiento de la ITU, y 130 años después, sus objetivos fundamentales siguen vigentes.

Más tarde estuvo involucrada en los temas de telefonía, telegrafía sin hilos, radio y radiocomunicación espacial. En la actualidad se ocupa principalmente de los temas relacionados con las nuevas redes de telecomunicaciones, con la importancia que ello tiene para el desarrollo de Internet. La organización tiene su sede en Ginebra (Suiza).

Puede visitarse en www.itu.org.

Jargon
Véase *Jerga*.

Java

Lenguaje de programación robusto y orientado a objetos, presentado en mayo de 1995 por Sun Microsystems (John Gage) y Netscape (Marc Andreessen) y similar a C++. Java iba a ser incorporado al navegador Netscape Navigator. Creado en 1991 como una herramienta de programación por Patrick Naughton, Mike Sheridan y James Gosling, de Sun, Java es un estándar válido para todo tipo de plataformas, como Windows, Macintosh y Unix. Se representa con una taza de café, en alusión al café de la isla de Indonesia.
Permite escribir también pequeños programas, denominados applets de Java, que pueden descargarse desde un servidor web y se ejecutan en nuestro ordenador (lado cliente) mediante un navegador compatible con Java. En la actualidad, todos los navegadores estándar lo son. Los *applets* de Java permiten ampliar las posibilidades de una página HTML, realizando pequeñas funciones en nuestro ordenador del tipo animaciones, relojes, calculadoras, juegos interactivos, texto animado, efectos de sonido y vídeo. Para ejecutarlos es necesario que nuestro navegador lo permita ejecutarlos; en la actualidad, la mayoría son compatibles.

A partir de aquí, ha experimentado una importante evolución, y se ha convertido en una plataforma informática sobre la que los desarrolladores de software pueden escribir aplicaciones de todo tipo utilizando Java, como procesadores de texto, programas de contabilidad, recursos humanos o stocks.
Aunque en muchas ocasiones se confunde por la similitud de las palabras, no guarda ninguna relación con el lenguaje JavaScript.
Véase http://www.java.sun.com.

Java applets, Java applications
Los applets son programas escritos en el lenguaje de programación Java que pueden ser incluidos en una página HTML, y se ejecutan desde nuestro navegador si dispone de esta función (Java Virtual Machine).

Java Database Connectivity
Véase *JDBC*.

JavaBean
Siguiendo la simbología del café utilizado por Sun para su lenguaje de programación Java, aparecen las *JavaBeans* o semillas de café de Java. Se desarrollan mediante el BDK (Beans Development Kit) de Sun, y son multiplataforma (Windows 95, UNIX, Mac) dentro de muchos entornos de aplicación denominados *containers*, como pueden ser navegadores, procesadores de texto, etc. Son pequeños objetos de software (componentes) creados en Java y reutilizables, que pueden ser combina-

dos con otros componentes en el mismo ordenador o en otros de una red para crear una aplicación. Permiten incorporar capacidades interactivas a las páginas web. Por ejemplo, se utilizan para variar el contenido de las páginas, en función del tipo de usuario.

JavaScript

Lenguaje de programación desarrollado por Netscape para ofrecer funcionalidades en el lado del cliente Internet. Más complejo que los HTML tags, va incorporado (embebido) en la página HTML y es reconocido por el navegador. Su función principal es la de realizar web sites interactivas. A pesar de su nombre, no guarda ninguna relación con Java.
Véase: www.jsworld.com.

JavaScript Beans

Pieza de código JavaScript almacenado en un archivo con otra información.

JDBC

(*Java DataBase Connectivity*).
JDBC permite que un *applet* de Java entre en contacto con una base de datos y realice peticiones de consultas o de actualización de datos.

Jerga - *Jargon*

Lenguaje utilizado por los distintos grupos de personas expertas en Internet: jerga de los hackers, de los crakers, etcétera.

Jini

Tecnología de arquitectura desarrollada por Sun Microsystems sobre la base de un concepto sencillo: todos los dispositivos (*devices*) pueden trabajar conjuntamente con sólo ser conectados. De esta manera se eliminan los drivers, cableados y conectores. Simplemente con conectar los dispositivos, comienzan a funcionar. Por tanto, podemos conectar nuestro PDA a un ordenador y un teléfono móvil simultáneamente sin necesidad de realizar ningún proceso de carga de software ni conexiones complejas.
Véase www.jini.org.

JPEG

(*Joint Photographic Experts Group*).
Formato de compresión de imagen desarrollado por el Joint Photographic Experts Group muy utilizado en Internet y optimizado para almacenar millones de colores diferentes. Comprime mejor y con más colores las imágenes que el formato GIF. La compresión puede tener varios niveles: cuanto mayor sea la compresión, menor será el espacio ocupado por el archivo, aunque también se producirá una mayor pérdida de calidad. Las imágenes comprimidas se identifican por la extensión de archivo .jpg o .jpeg.

Jughead

(*Jonzy's Universal Gopher Hierarchy Excavation And Display*).
Programa que permite la posibilidad de realizar búsquedas en directorios de servidores gopher. Es parecido a *Veronica* y *Archie*.

Junk e-mail

Véase *Spam*.

Kb
(*Kilobit, Kbits*).
Símbolo de kilobit. 1 Kb (kilobit) equivale a 1.024 *bits*; 1 Kbps (kilobit por segundo) equivale a 1.000 bits por segundo.
Véanse *Bit, Byte*.

KB
(*Kilobyte*).
Símbolo de kilobyte. 1 KB (kilobyte) equivale a 1.000 *bytes*; 1 KBps (kilobyte por segundo) equivale a 1.000 bytes por segundo.
Véanse *Bit, Byte*.

Kbps
(*Kilobits per second*).
Miles de bits o kilobits por segundo. Se utiliza para medir la velocidad de los módem (máximo número de bits que pueden transferir por segundo en condiciones óptimas).
Véanse *Bit, Byte, Kb*.

KBps
(*Kilobytes per second*).
Símbolo de kilobytes por segundo. Un byte equivale a ocho bits.
Véanse *Bit, Byte, KB*.

Kermit
Protocolo de transferencia de ficheros desarrollado por la Universidad de Columbia, compatible con la mayoría de sistemas operativos.

Utilizado sobre todo en medios universitarios, permite descargar ficheros de servidores remotos en nuestro propio ordenador.

Keyword
Véase *Palabra clave*.

Killer app
Aplicación informática que constituye un gran avance y goza de gran popularidad, eclipsando a sus competidores.

Kilobit
Unidad de medida de transmisión de datos que equivale a 1.024 bits.
Véase *Kb*.

Kilobits per second
Véase *Kbps*.

Kilobyte
Unidad de medida que equivale a 1.000 bytes.
Véase *KB*.

Kilobytes per second
Véase *KBps*.

Knowbie
Persona que posee amplios conocimientos concernientes a Internet y su base de funcionamiento. El término *knowbie* es lo contrario de *newbies* (novatos en Internet).

LAN

(*Local Area Network*)
(Red de área local.) Red que comunica ordenadores en una zona limitada, dentro de un edificio o una planta. Muchas LAN están conectadas a Internet.

Latencia - *Latency, delay*

(*Del latín latens*). Tiempo que invierte un paquete de datos en salvar el trayecto desde su fuente hasta su destino.

LDAP

(*Lightweight Directory Access Protocol*). Estándar establecido por el IETF (Internet Engineering Task Force) para servicios de directorios.

Leased line

Línea telefónica dedicada, conectada exclusivamente entre un usuario o una red y otra red o un ISP (proveedor de servicios de Internet). Se utiliza cuando se requiere una velocidad de transmisión alta.

Libro de direcciones - *Address book*

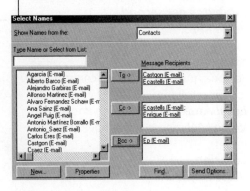

Utilidad que ofrecen algunos programas de correo electrónico que permite archivar las direcciones de correo más utilizadas, sus nombres correspondientes y muchos otros datos, a fin de localizarlos e incluirlos fácilmente en nuestro correo. Sólo debemos seleccionarlos y añadirlos al correo, evitando tener que escribirlos cada vez o recurrir a agendas para guardar las direcciones.

Lightweight Directory Access Protocol

Véase *LDAP*.

Línea dedicada - *Dedicated line*

Línea telefónica entre dos ordenadores. En el caso de Internet, la línea es directa y permanente.

Link

Véase *Enlace*.

Linking

Proceso de enlazar páginas de Internet mediante *links* o enlaces. Permite desplazarse desde una determinada página a otra, que puede estar en un servidor situado en el otro lado del mundo.

Linux

Sistema operativo gratuito, basado en UNIX, creado por el finlandés Linus Torvalds (en la imagen, en la página siguiente) en 1991 y ampliado más tarde por desarrolladores de todo el mundo. No existe soporte oficial, y la ayuda procede de usua-

rios y desarrolladores. En muy poco tiempo se ha convertido en uno de los sistemas operativos más populares. Entre sus principales ventajas cabe destacar su estabilidad y velocidad, y el que no sea un sistema con objetivos comerciales, sino de uso libre y gratuito. El código es abierto, y cualquiera puede acceder a modificarlo. Está disponible para casi todas las plataformas, PC, PowerPC, Macintosh, Amiga, Atari, DEC Alpha, Sun y otros.
Véanse www.linux.org y www.linux.com.

Lista de correo - *Mailing list*

Lista de direcciones de correo electrónico, a la que se envían y de la que se reciben mensajes. Suelen ser grupos de discusión formados por personas que tienen intereses comunes, y todos ellos reciben los mensajes de manera periódica. Cuando nos suscribimos, podemos enviar mensajes que llegarán a todos los usuarios y, a su vez, siempre que un usuario envíe un correo electrónico, nosotros lo recibiremos. Algunas listas están moderadas, es decir, el moderador debe aprobar los contenidos de los correos. Podemos suscribirnos a innumerables temas.
En general, la suscripción se realiza enviando un correo electrónico a la dirección indicada.

Lista de correo moderada - *Moderated mailing-list*

Lista de correo en la que un moderador comprueba la idoneidad del contenido de un correo antes de que sea distribuido. Si el moderador opina que no debe enviarse, anulará el correo y en ocasiones, mandará otro al emisor explicándole los motivos que le han impulsado a tomar tal decisión.

Listserv

Programas utilizados para gestionar listas de correo electrónico de usuarios interesados en determinados temas. Los usuarios envían y reciben correos electrónicos de los demás usuarios. El software, de modo automático, permite dar de alta y de baja a los usuarios, así como recibir, eliminar y distribuir mensajes. Cuando el programa recibe una solicitud por correo electrónico de un nuevo usuario, le da de alta inmediatamente; lo mismo ocurre cuando se trata de dar de baja a los usuarios que ya no están interesados en recibir correo o de eliminar direcciones inactivas.
Véanse *Lista de correo* y *Mayordomo*.

Live cam
Véase *Webcam*.

Load
Abreviatura de *Download* o *Upload* (véanse).

Local Area Network
Véase *LAN*.

Location
Véase *Dirección*.

Log file

Archivo en el que se almacenan todos los eventos ocurridos en un sistema informático. En Internet, el análisis del *log* permite obtener una información detallada de los hábitos de los usuarios, las páginas más visitadas, las zonas de las que proceden, el número de páginas descargadas, etc.

Lógica booleana - *Boolean logic*

Véase *Boolean*.

Login, Logon

Acceso a un sistema informático, por lo general tras introducir una identificación de usuario (user ID) y clave.

Logout, logoff

Proceso de finalización del acceso a un determinado ordenador, desconexión.

Lucent Technologies

Empresa norteamericana de los laboratorios Bell, de reconocido prestigio en el mercado mundial de las telecomunicaciones. Puede visitarse en www.lucent.com.

Lurk

(Voz inglesa que significa «estar al acecho» u «ocultarse»). En Internet, actitud de leer los mensajes de las listas de correo, usenet newsgroup o chats sin participar. En general, actitud que se adopta cuando se entra las primeras veces, al no estar familiarizados con los temas que se tratan.

Lurker

Persona que hace lurk, lee las discusiones de los *chats*, usenet newsgroups y listas de correo, pero se abstiene de hacer comentarios.

Lurking

Acción de hacer lurk.

Lycos

Compañía norteamericana fundada en 1995 que posee, entre otros destacados sites, Lycos.com (uno de los principales buscadores de Internet), Tripod (www.tripod.com), Angelfire, Whowhere (www.whowhere.com), MailCity, HotBot, HotWired (www.wired.com), Wired News, Webmonkey, Suck.com, Quote.com (www.quote.com), Sonique y Gamesville.
Su motor de búsqueda y directorio originales comenzaron con una patente de tecnología inteligente de *spidering* creada en la Universidad de Carnegie Mellon. A mediados de 2000, tenía casi 33 millones

de visitantes mensuales y 148 millones de páginas vistas diarias.

A mediados del año 2000, Terra, portal del grupo Telefónica, anunció su adquisición.

Puede visitarse en www.lycos.com.

Lynx

Navegador de Internet en modo texto (sin gráficos), distribuido por la Universidad de Kansas, que gozó de gran popularidad.

Hay versiones de Lynx para PC, Mac, Unix y VMS.

Véase www.ukans.edu.

LZH

Formato de compresión de archivos que puede realizarse con el programa LHA, creado por Haruyasu Yoshizaki.

LZW

(*Lempel-Zefv Welch*)
Método de compresión.

Mail
Véase *Correo electrónico*.

Mail bomb/bombing
Colapso de una dirección de correo electrónico mediante el envío de un gran número de mensajes por parte de una o más personas. Los mensajes enviados suelen ser desagradables o incorporan archivos voluminosos carentes de sentido. Se realiza contra las personas u organizaciones que han causado alguna molestia a los usuarios. Por ejemplo, contra las personas que han enviado masivamente mensajes comerciales no solicitados (spamming) Con el mail bomb se puede llegar a colapsar a los servidores y causar graves problemas al usuario que es objeto del mismo, ya que le impide recibir adecuadamente su correo.

Mail filter
Software que impide recibir un determinado correo electrónico. Son filtros de correo electrónico.

Mail reflector
Programa informático que distribuye automáticamente información o archivos a los suscriptores de una lista de correo, grupo de *Usenet* o canal IRC.

Mail server
Véase *Servidor de correo electrónico*.

Mailbot
Servidor de correo electrónico que responde de manera automática a las solicitu-

des de información enviando en seguida un mensaje.

Mailbox
Directorio en el que se almacenan los mensajes de correo electrónico recibidos. El directorio puede encontrarse en nuestro ordenador o en el servidor de correo electrónico del ISP.

Mailing list
Véase *Lista de correo*.

Mayordomo - *Majordomo*
(Del latín *maior*, mayor, y *domus*, casa, criado principal de la casa a cuyo cargo está la gestión económica de la hacienda). Programa escrito en el lenguaje de programación PERL que automatiza la gestión de las listas de correo en Internet. Los comandos se envían a mayordomo por correo electrónico para manejar todos los aspectos del mantenimiento de las listas, por lo que no es necesario acceder al servidor mayordomo.

Marketplace
Mercado virtual en el que las empresas compran y venden los más variados productos. Se dividen en verticales y horizontales. Los verticales ofrecen productos directamente relacionados con el sector como, por ejemplo, cemento si es un *marketplace* de construcción. Los horizontales ofrecen productos generales, que son adquiridos por todo tipo de compañías como, por ejemplo, bolígrafos o viajes.

Por ejemplo, www.mro.com o www.biz-buyer.com, ambos portales horizontales, o www.metalsite.com y www.vertical-net.com, portales verticales.

Matrix

Ciberthriller escrito y dirigido por los hermanos Wachowski en 1999, con Keanu Reeves y Laurence Fishburne como protagonistas. Los habitantes del mundo tienen la percepción de que es un mundo auténtico, pero la realidad es que es un sueño, una complicada trampa elaborada por un programa de ordenador de inteligencia artificial que domina nuestra vida.
Véase www.whatisthematrix.com.

Mb
Véase *Megabit*.

MB
Véase *Megabyte*.

MBONE
(*Multicast BackbONE*).
Red para aplicaciones de audioconferencia y videoconferencia en tiempo real que utiliza Internet como medio. Permite enviar simultáneamente el mismo archivo a numerosos usuarios (multicast).

Mbps
Símbolo de megabit por segundo.

MBps
Símbolo de megabyte por segundo.

Mega
Prefijo que significa «un millón». Véase, por ejemplo, *Megabit* o *Megabyte*.

Megabit - Mb
Unidad de medida de transmisión de datos que equivale a un millón de bits o, más exactamente, 1.048.576 bits. Símbolo «Mb». Se utiliza para indicar ratio de transferencia, megabits por segundo (Mbps).
1 Mbps: 1 Megabit por segundo equivale a 1.000.000 bits por segundo
Véanse *Bit*, *Byte*.

Megabyte - MB
Unidad de medida de memoria que equivale a 1.000 Kilobytes. 1 MBps (Megabyte por segundo)
Véanse *Bit*, *Byte*.

Mensaje de correo electrónico - *E-mail message*

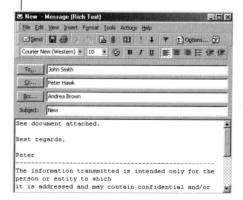

Mensaje que se envía a otra u otras personas, y que consta además de:
To: destinatario.
From: remitente.
cc: otras personas a las que se envía una copia.
bcc: *blind carbon copy*, otras personas a las que se envía copia sin que las demás tengan constancia de ello.
Véase *Correo electrónico*.

Meta search
Véase *Metabuscador*.

Meta-tag

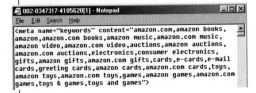

Código HTML colocado al principio de la página en un *tag* que contiene información sobre el contenido de una página web y del web site. Se utilizan para facilitar la información de la página a los robots y buscadores que localizan web sites para ser incluidas en buscadores, por lo que se incluyen el título de la página, las palabras clave y las descripciones de la página.
Las palabras clave facilitan al buscador la búsqueda por palabras, mientras que la descripción que acompaña a la dirección URL proporciona al usuario más información sobre la dirección que se le ofrece. Cuando visualizamos la página en el navegador, no vemos el *meta-tag*; si deseamos verlo, debemos abrir el código HTML.

En el ejemplo podemos ver el *meta-tag* de la página principal de Amazon.

Metabuscador - *Meta search*
Buscador de buscadores. Cuando enviamos una búsqueda, el metabuscador la envía a otros buscadores o directorios y nos responde con las direcciones localizadas en todos ellos.

Metacrawler

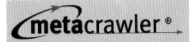

Metabuscador muy conocido propiedad de Go2Net (http://www.go2net.com/), uno de los que tienen mayor número de visitantes. Ofrece servicios de directorio, finanzas, juegos multiusuario y otros servicios. Puede visitarse en www.metacrawler.com.

Micropagos - *Micropayments*
En Internet, sistema de pago de pequeñas cantidades aplicado principalmente en la prestación de servicios. Sustituye a los pagos con tarjeta de crédito, por los que se cobran unas comisiones mínimas demasiado elevadas como para permitir este tipo de comercio. Por ejemplo, si queremos consultar los anuncios clasificados de casas en venta, y buscamos una con unas características especiales, el resultado de la búsqueda será muy pobre. Como el sistema es de micropago, nos cobrarán unos pocos centavos o dólares por el servicio, mientras que con la tarjeta de crédito tradicional sería muy caro de realizar, y al comerciante no le compensaría.

Microsoft
Si aún no lo conoce, visite www.microsoft.com.

.mil
Sufijo de nombre de dominio, abreviatura de militar. Es uno de los que se pueden elegir para solicitar un registro de dominio. Los web sites que utilizan este nombre de dominio suelen corresponder a organizaciones militares norteamericanas, ya que el uso de este dominio es exclusivo de Estados Unidos.
Ejemplo: www.navy.mil, www.army.mil, www.darpa.mil.
Véase *Dominio*.

MIME
(*Multipurpose Internet Mail Extensions*).
Grupo de extensiones de Internet para el SMTP (Simple Mail Transfer Protocol) que amplía las capacidades normales del correo electrónico y permite adjuntar documentos electrónicos al mensaje, indicando al ordenador del usuario el programa que necesita para abrir el archivo.
Cuando los archivos llegan con el correo, lo hacen en modo binario; MIME permite realizar la «traducción» y reconocer los documentos. Pueden enviarse imágenes, vídeos, audio, aplicaciones, documentos de procesadores de texto, hojas de cálculo, etcétera.
Véanse *Binhex* y *UUEncode*.

Mirror
Véase *Espejo*.

Mirror Site
Véase *Espejo*.

.misc
(*misc newsgroup*).
Categoría superior de los *USENET* newsgroups (grupos de noticias) dedicados a temas que no encajan en los demás, miscelánea. Otras categorías de *newsgroups* son: alt (*alternative*), news, comp (*computer*), sci (*science*), biz (*business*), talk, rec (*recreational*) o soc (*social*). La mayoría de navegadores de Internet permiten acceder a estos newsgroups.
Véase *Newsgroups*.

MIT
(*Massachusetts Institute of Technology*)
Institución educativa fundada en 1861, de reconocido prestigio por sus áreas de formación e investigación en ciencia y tecnología. Está integrada por cinco colegios académicos: School of Architecture and Planning, School of Engineering, School of Humanities and Social Science, Sloan School of Management y School of Science.
Véase http://web.mit.edu.

Mobile portals
Portales de reciente creación para su utilización en dispositivos móviles del tipo PDA o teléfono móvil. Ofrecen al usuario una información similar a la de Internet, pero adaptada a las pantallas, velocidades de transmisión y funcionalidad de estos dispositivos.

Módem
(*MOdulator - DEModulator*).
El módem es un equipo (caja, tarjeta, etc.) que conecta ordenadores a través de la línea telefónica estándar o RDSI, y transmi-

te información convirtiendo la señal de analógica (teléfono) a digital (ordenador), y viceversa. El paso de digital a analógico se denomina modulación, y el de analógico a digital, demodulación. La señal analógica se puede transmitir por las línas telefónicas. Existen también módem de cable. Los ordenadores disponen de módem internos y externos, con transferencia de datos a diferentes velocidades: 300, 1.200, 2.400, 9.600, 14.400, 28.800. 33.600, 56.000 bits por segundo, siendo esta última la más utilizada.

Módem cable
Véase *Cable módem*.

Módem *pool*
Grupo de módem que responde a un mismo número telefónico y conecta al que realiza la llamada con un determinado recurso. Por ejemplo, los ISP tienen estos grupos de módem para facilitar a los usuarios el acceso a Internet.

Moderador - *Moderator*
Persona que controla la información de las listas de correo, usenet newsgroups y chats, para evitar los mensajes improcedentes, insultantes o comerciales.

Moderated mailing-list
Véase *Lista de correo moderada*.

Moderated Newsgroup / Discussion
Véase *Newsgroup moderado*.

Monster
Uno de los más conocidos web sites de búsqueda de trabajo, que pone en

contacto a las empresas que necesitan personal con las personas que buscan empleo. Monster.com es una compañía de Indianápolis del grupo TMP Worldwide, resultante de la fusión de The Monster Board y Online Career Center, fundadas en 1994 y 1993, respectivamente.
Puede visitarse en www.monster.com.

MOO
(*MUD Object-Oriented*).
Véase *MUD*.

Mosaic
Navegador gráfico para Internet desarrollado por el NCSA (National Centre for Super-computing Application) en la Universidad de Illinois. Fue el primero en aparecer y popularizar Internet; más tarde apareció el navegador de Netscape (Navigator).

Motor de búsqueda - *Search engine*
Utilidad que permite localizar documentos, normalmente páginas web, a partir de unas palabras clave (*keywords*). Tras realizar la búsqueda, nos entrega un listado de los documentos encontrados, con los enlaces correspondientes para que, con sólo pinchar sobre ellos, podamos tener acceso a los mismos.
Los motores de búsqueda suelen tener una utilidad que rastrea Internet en busca de nuevos web sites para introducirlos en su base de datos; son los denomi-

nados *bots* o robots, arañas (*spider*) o *crawlers*.

.mov
Formato de vídeo cuya extensión procede del inglés *movie*, película.

Mozilla

Nombre original de Netscape Navigator y, después, de Netscape Communicator. Es una organización de desarrolladores informáticos de Netscape e independientes, responsables del mantenimiento y la mejora del código fuente del navegador Communicator de Netscape. Mozilla se basa en una versión temprana de Netscape Comunicator 5.0.
Puede visitarse en www.mozilla.org.

MP3
(MPEG 3).
MPEG-1 layer 3, formato de compresión estándar de audio, muy utilizado en Internet para la distribución de música. Permite obtener una gran calidad de sonido, con ratios de compresión elevados. El primer dispositivo físico en aparecer fue el Diamond Rio, y en la Red podemos encontrar un gran número de reproductores por software, como Winamp.

MP3.com
Compañía creada en Delaware en marzo de 1988, y una de las más visitadas en el entorno musical de Internet. Se basa en el gran desarrollo que ha tenido la música MP3 en los últimos años, trabajando

con miles de músicos y cientos de marcas independientes parea realizar la promoción y venta de su música. A mediados de 2000, contenía más de medio millón de canciones de 81.000 artistas. Los internautas pueden buscar, escuchar un fragmento y descargar gratuitamente la música.
Puede visitarse en www.mp3.com.

MPEG, mpeg, mpg
(*Moving Pictures Expert Group*).

Uno de los estándares utilizados en Internet para archivos de audio y vídeo, ya que permite comprimir los documentos, aumentando la rapidez de transmisión y la descarga. Utiliza el sufijo «.mpg». Otros formatos son AVI y QuickTime.
Véase www.mpeg.org.

MPEG 3
Véase *MP3*.

MSN
(*The Microsoft Network*).

Uno de los portales más visitados, propiedad de Microsoft. Entre otros servicios, ofrece correo electrónico gratuito mediante HotMail y versiones locales del portal para diferentes países.
Puede visitarse en www.msn.com.

MUD
(*Multi-User Dungeon* o *Multi User Dimension*).
Juego de aventura online similar a *Dungeons and Dragons* (dragones y mazmorras) que permite la participación simultánea de varios jugadores. Son juegos de rol en los que los jugadores asumen la identidad de personajes ficticios y siguen unas instrucciones para vivir la aventura. Suelen ser juegos basados en modo texto a los que se accede por telnet u otros programas clientes, que incluso muestran espacios gráficos en tres dimensiones (3D) y chat.

Multi-User Dungeon
Véase *MUD*.

Multicast
Tecnologías que permiten establecer comunicaciones en tiempo real «uno con muchos» (*one-to many*) y «muchos con muchos» (*many-to-many*) a través de una red. La información se emite simultáneamente a varios destinos.

Multimedia
Combinación interactiva de texto, animaciones, gráficos, audio y vídeo.

Multipurpose Internet Mail Extensions
Grupo de extensiones de Internet para el SMPT. Amplía las capacidades del correo y permite adjuntar documentos.
Véanse *MIME* y SMPT.

NAK
(Negative Acknowledge).
Cuando un ordenador manda un bloque de datos a otro a través de una red, el ordenador receptor envía un mensaje de retorno ACK confirmando que la transferencia se ha realizado correctamente, es decir, que el bloque de datos ha sido recibido sin errores. Si se han detectado errores en la transmisión, el ordenador receptor puede enviar un ACK negativo (NAK). Véanse *PING, Xmodem.*

National Center for Supercomputing Applications
Véase *NCSA.*

National Science Foundation Network
Véase *NSFNET.*

Navegación offline - *Offline browser*
Visualización de páginas web sin estar conectados a Internet. Por lo general, podemos acceder a estas páginas si las tenemos en nuestro disco duro o bien en un medio de almacenamiento (CD-ROM, disquete).

Navegador - *Browser, web browser*
Programa que utiliza el protocolo HTTP y permite visualizar y navegar por los web sites de Internet e incluye programas que permiten utilizar el correo electrónico, telnet, FTP, usenet newsgroups o gopher. Los más conocidos son Netscape Navigator y Microsoft Internet Explorer. Otros con menor cuota de mercado son Opera, Mosaic (aparecido en 1992, fue el pri-

mer navegador gráfico utilizado), Cello y Lynx (basado en texto).

Navegador basado en texto - *Text-based browser*
Navegador que no puede utilizar archivos hipermedia, sino sólo texto. El más conocido es Lynx. Ya están en desuso.

Navegar, navegación - *Navigate, navigation*
Desplazarse por las páginas web utilizando hipertexto.

NC
(Network Computer).
Ordenador diseñado para su conexión a una red, como Internet, por lo que carece de muchas de las características de los PC.

NCSA
(National Center for Supercomputing Applications).

Organización de la Universidad de Illinois que en 1992 desarrolló el primer navegador gráfico, Mosaic. Fue uno de los cinco centros originales de la NSF Supercomputer Centers NSF Partnerships for Advanced Computational Infrastructure (PACI) y en octubre de 1997 se convirtió en uno de los dos socios del National

Computational Science Alliance (la Allian-ce). La Alliance incluye más de cincuen-ta socios académicos norteamericanos que están construyendo el prototipo de la futura infraestructura de información e informática del país. Puede visitarse en www.ncsa.uiuc.edu.

Negative Acknowledge
Véase *NAK*.

Neoplanet

Software gratuito que necesita poco espa-cio de disco duro (menos de 3 MB). Am-plía las funciones del navegador, pudiendo crearse a medida los diseños de la pan-talla del navegador, denominados *skins*, y descargarse muchos predefinidos des-de su web site. Además incluye otras mu-chas mejoras. Funciona sobre Windows con Internet Explorer desde la versión 3.02, y pronto lo hará con Netscape. Puede visitarse en www.neoplanet.com.

.net
Sufijo de nombre de dominio, uno de los que se pueden elegir cuando se solicita un registro de dominio. Las web sites que utilizan este nombre de dominio suelen responder a servicios relacionados con re-des de ordenadores. «.net» es abreviatu-ra de «network» o red. Ejemplo: www.internic.net.

NET
Abreviatura de Internet.

Net Nanny

Software que impide el acceso de los ni-ños a material pornográfico. Evita así mis-mo que circule por Internet información personal de los niños, como teléfonos o direcciones.

Netiquette
(*InterNET etIQUETTE*). Reglas no escritas sobre el comportamiento en la Red, espe-cialmente en el uso del correo electrónico, chat y usenet newsgroups. Suele referir-se a comentarios o acciones inadecuados.

Netizen
(*InterNET ciTIZEN*). Persona que demues-tra su civismo en el uso de Internet, obser-vando todas las normas de conducta.

Netscape
La compañía californiana Netscape Com-munications es conocida por su navega-

Netscape

dor Netscape Navigator que, junto con Microsoft Explorer, son los más utilizados en Internet. Navigator fue desarrollado por Mark Andreessen (procedente de la NCSA) en 1995, basándose en Mosaic, y las sucesivas versiones que han ido apareciendo lo convierten en un referente en Internet; la versión 4.0 pasó a denominarse Netscape Communicator. Puede descargarse desde la web site. Netscape fue adquirida en 1999 por SUN y AOL.
Puede visitarse en www.netscape.com.

Netscape Application Program Interface
Véase *NSAPI*.

Netscape Navigator, Navigator
Navegador de Netscape.
Véase *Netscape*.

Network Computer
Véase *NC*.

Network File System
Véase *NFS*.

Network Information Center
Véase *NIC*.

Network News Transfer Protocol
Véase *NNTP*.

Network Solutions
Véase *NSI*.

Network Time Protocol
Véase *NTP*.

Newbie
(Del nombre que se daba a los nuevos alumnos en las escuelas inglesas.) En Internet, novato.
Véase *Knowbie*.

.news
(*News Newsgroup*).
Categoría superior de los usenet newsgroups (grupos de noticias) dedicados a temas propios. Otras categorías de newsgroups son alt (*alternative*), comp (*computer*), sci (*science*), talk, biz (*business*), misc (*miscellaneous*), rec (*recreational*) o soc (*social*). Se puede acceder a los *newsgroups* con la mayoría de los navegadores de Internet.
Véase *Newsgroups*.

News server
Véase *Servidor de news*.

Newsgroups, News, Usenet newsgroups, Usenet News
Aparecidos mucho antes de que Internet se hiciera popular, los usenet newsgroups eran los foros de discusión utilizados en usenet, ofrecidos como servicio por los ISP. Los participantes tratan determinados temas y pueden hacer preguntas y comentarios de manera gratuita, participar en los grupos ya existentes o crear otros nuevos y suscribirse a los que les interesen. En ocasiones, los grupos están moderados por personas que impiden las intervenciones improcedentes. Existen innumerables grupos con todo tipo de te-

mas discutidos por internautas de todo el mundo, ordenados jerárquicamente y representados por los tres o cuatro primeros caracteres que los describen seguidos por un punto, por ejemplo:

alt - *alternative*, grupos alternativos; temas como energía, drogas o el idioma esperanto.

biz - *business*, temas relacionados con los negocios.

comp - *computer*, temas relacionados con la informática.

news - temas relacionados con los *newsgroups*.

rec - *recreational*, temas relacionados con el ocio, como deportes, alimentación o juegos.

sci - *science*, temas científicos, como agricultura, biología o química.

soc - *social*, temas sociales, como tercera edad, la mujer o el ateísmo.

talk - discusiones sobre filosofía, política o religión.

Cada grupo se divide en subgrupos, por ejemplo, comp.arch es el grupo de arquitectura informática o rec.sport.soccer el de fútbol, y cada mensaje que se incluye en el grupo se denomina *article*, que se identifica por llevar un título o *subject line*. Cuando se accede a un subgrupo, aparecen todos los títulos para poder identificar rápidamente la información buscada. Por otra parte, los mensajes se agrupan en *threads* y forman conjuntos de mensajes encadenados sobre el mismo tema. Los *newsgroups* suelen incluir un FAQ (Frequently Asked Questions) destinado a resolver las dudas de los principiantes. El software para participar en los newsgroups se denomina *newsreader*.

Newsgroup moderado - Moderated newsgroup, discussion
Newsgroups que utilizan un moderador para categorizar los tópicos, organizar los mensajes y eliminar los que sean improcedentes.

Newsreader
Software que permite interactuar con los usenet newsgroups y leer los mensajes, colocarlos, suscribirse, etc. Muchos navegadores actuales incluyen funciones de *newsreader*.

Next Generation Internet
Iniciativa del gobierno norteamericano destinada al desarrollo de Internet, sus aplicaciones avanzadas y necesidades de red. No debe confundirse con Internet2, con el que colabora estrechamente en muchos campos.

NFS
(*Network File System*).
Protocolo de UNIX desarrollado por Sun Microsystems mediante el cual es posible

utilizar archivos almacenados en cualquier otro ordenador como si estuvieran en el propio.

NIC
(*Network Information Center*).
Centro que gestiona información de una red. Por ejemplo, InterNIC registra los nombres de los dominios.

Nickname
Véase *Alias*.

NNTP
(*Network News Transfor Protocol*).
Protocolo estándar que permite transferir mensajes en los *usenet* newsgroups a través de una red TCP/IP.

Nodo - Node
Equipo conectado a Internet, como un PC, también llamado *host*. En él se entrecruzan varias redes de Internet. Los ordenadores que prestan servicios (como FTP) se denominan servidores.

Non-graphical browser
Véase *Text-based browser*.

NSAPI
(*Netscape Application Program Interface*).
API incluido en los productos servidores de Netscape.

NSFNET
(*National Science Foundation Network*)
Agencia gubernamental que creó el *backbone* del actual Internet con fines educativos y científicos. NSF fundó Network

Solutions Inc., que mantiene la base de datos de dominios de toda la Red.

NSFNET Mid-Level
Red conectada a NSFNET que cubre una zona geográfica de Estados Unidos. También llamados redes regionales.

NSI
(*Network Solutions*).
Compañía propiedad de Verisign que registraba en exclusiva los dominios de alto nivel «.org», «.net» y «.com», por un acuerdo firmado con el gobierno de Estados Unidos que finalizó en septiembre de 2000. A partir de entonces, nuevas empresas empezaron a realizar esa función. A mediados de 2000 ya se había registrado 12 millones de dominios.

NTP
(*Network Time Protocol*).
Protocolo utilizado para sincronizar relojes entre ordenadores de Internet.

Número de acceso - access number
Número de teléfono utilizado para realizar la conexión con un ISP que nos dé acceso a Internet.

Número IP - IP Number
(*Internet Protocol Number*).
Una dirección de Internet se compone de un número único. Este número único está a su vez formado por cuatro partes divididas por puntos, que identifica a ese equipo en Internet, por ejemplo 197.222.12.56.
Véanse *Dirección IP, DNS*.

Offline
No estar conectado a una red o a Internet. Es lo contrario de *online*.

Offline browser
Véase *Navegación offline*.

Olé
(Del árabe *wa-llah*, que significa ¡por Dios!). El buscador español más conocido, en abril de 1999 llegó a un acuerdo con Telefónica y en la actualidad está integrado en su portal www.terra.es.

Online
Estar conectado a Internet. También puede referirse a recursos de Internet, como *online magazine*, *online dictionary*, etc. Es lo contrario de *offline*.

Online database
En Internet, base de datos a la que se puede acceder.

Online newspaper
Véase *Periódico virtual*.

Online service
Véase *Servicio online*.

Open Systems Interconnect
Véase *OSI*.

Opera
Navegador creado por Opera Soft, empresa noruega con sede en Oslo, cuya principal característica son los limitados reque-

rimientos exigidos para su uso (menos de 2Mb de espacio), por lo que puede utilizarse en equipos antiguos, poco potentes o en los que interesa reservar su potencia para otras funciones. Ha sido actualizado con los nuevos estándares, como for-

matos gráficos, multimedia, XML, SSL, últimas versiones de HTML, etc. Fue desarrollado en 1992 por un grupo de investigadores de Telenor AS, compañía noruega de telecomunicaciones. Telenor lo utilizó internamente, pero decidió no comercializarlo y en 1998 empezó a utilizarse como versión shareware disponible en Internet. En 1999 se descargaron más de un millón de navegadores Opera.
Véase: www.opera.com.

Oracle Corp.

Compañía californiana líder en software de negocio. Ofrece productos líderes de base de datos, herramientas y aplicaciones.

.org

Sufijo de nombre de dominio, uno de los que se pueden elegir cuando se solicita un registro de dominio. Las web sites que recurren a la utilización de este nombre de dominio pertenecen generalmente a organizaciones sin fines de lucro, no gubernamentales o de otros tipos.
Por ejemplo, www.mozilla.org, www.congress.org, www.science.org.

OSI

(*Open Systems Interconnect*).
Grupo de protocolos creados como método estándar internacional de conexión en redes informáticas.

Packet
Véase *Paquete*.

Packet InterNet Gopher
Véase *PING*.

Packet switching
Véase *Conmutación de paquetes*.

Page
Véase *Página*.

Page impressions
Véase *Página vista*.

Page view
Véase *Página vista*.

**Página, página web - **
Page, web page
Documento realizado generalmente en HTML y referenciado en una URL. Cada web site está compuesta por un gran número de páginas en las que se recoge la información. La página, que puede estar compuesta por texto, imágenes, gráficos, audio, vídeo y animaciones, podemos visualizarla con el navegador y recorrerla con la barra lateral. Mediante los enlaces que contiene la página, podemos acceder a otras.

Página principal - *Home page*,
homepage
La primera página de un web site que sirve de introducción, índice y punto de inicio para el resto de la web. // **2.** La pri-

mera página que aparece cuando se activa el navegador. Suele encontrarse una por defecto, que es la del suministrador del navegador, por lo general Netscape, Microsoft o el ISP, que puede cambiarse fácilmente.

Página vista - Page *view*,
page impressions
Medida utilizada en estadísticas de las web sites, que indica el número de páginas de una web site descargadas por los usuarios de un servidor.
Véase *Hit*.

Páginas amarillas
Véase *Yellow pages*.

Palabra clave - *Keyword*
Palabras utilizadas en los buscadores para localizar web sites o páginas web.

Paquete - *Packet*
Bloque de datos que se transmite desde un ordenador a otro a través de Internet. El protocolo TCP/IP divide la información en varios paquetes, cada uno de los cuales contiene parte de los datos, un identificador de errores, el remitente, el destinatario y el identificador del paquete. Cuando los paquetes llegan a su destino, el protocolo comprueba que no se ha producido ningún error y se ensamblan los datos.

Password
Véase *Contraseña*.

Password archive

Véase *Archivo de contraseñas*.

Patagon

El principal portal financiero para Europa y latinoamérica participado mayoritariamente por el BSCH (Banco Santander Central Hispano). A través de él se puede acceder a productos financieros de las principales entidades de cada región, realizar transacciones online, y obtener toda la información necesaria sobre los mercados financieros y la economía mundial. Fue creado en 1997 en Buenos Aires (Argentina) por dos estudiantes que invirtieron 30.000 dólares (todo su capital) con el fin de crear un servicio de compra y venta de acciones en Internet. Durante los años siguientes consiguieron atraer a los socios capitalistas adecuados y comenzaron un notable crecimiento. En marzo de 2000 alcanzó los 705 millones de dólares, y la empresa se convirtió en el líder del sector.

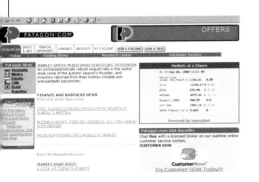

Path, path name

(Voz inglesa que significa camino, ruta o senda). En Internet, recorrido que debe realizarse para acceder a la página que se ha solicitado desde el navegador.

PDA

(*Personal Digital Assistant*).

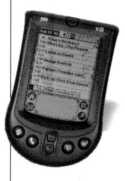

Sistemas personales alternativos al ordenador portátil, mucho más pequeños, que caben en la palma de la mano. Suelen incluir funciones desde agenda y directorio telefónico hasta teléfono, fax o acceso a Internet, hoja de cálculo, procesador de texto, etc. Son muy populares las Palm de 3Com, las *palmtop* con sistema operativo CE, organizadores con teléfono móvil incorporado, etc.

PDF

(*Portable Document Format*).
Software Acrobat que permite crear o guardar y visualizar documentos con el mismo aspecto que los originales en el formato PDF o *Portable Document Format*. Para poder leer estos archivos se utiliza el programa *Acrobat Reader*, que puede utilizarse gratuitamente descargándolo de la web site de Adobe (www.adobe.com)

o desde otros muchos enlaces existentes en Internet. Una de sus principales ventajas es que permite guardar en muy poco espacio documentos que ocupaban archivos muy voluminosos, lo cual facilita su rápida transferencia a través de Internet.
Acrobat Reader puede utilizarse como un programa fuera del entorno Internet, o incluso como un plug-in que pasa a formar parte del navegador y abre los documentos dentro del mismo.

Periódico virtual, periódico *online* - *Online newspaper*

En Internet, los periódicos son las web sites que mayor desarrollo han experimentado. Se necesita una gran inversión, ya que su actualización diaria y la adaptación y ampliación de sus contenidos en papel exigen la dedicación en exclusiva de un equipo de profesionales. Existen periódicos que conviven en ambos mundos, el de papel y el digital y periódicos que sólo se editan en Internet. Uno de sus principales atractivos, que ofrecen ya muchos periódicos, es la posibilidad de personalizar la información y establecer un perfil de lector que permita hacer un periódico a medida.
Algunos de los periódicos más importantes publicados en Internet son:
http://toutlemonde.fr - Le Monde (Francia).
www.elpais.es - El País (España).
www.lastampa.it - La Stampa (Italia).
www.nyt.com - The New York Times (Estados Unidos).
www.sueddeutsche.de - Süddeutsche Zeitung (Alemania).
www.the-times.co.uk - The Times (Gran Bretaña).
www.washingtonpost.com - The Washington Post (Estados Unidos).
www.wsj.com - The Wall Street Journal (Estados Unidos).

PERL
(*Practical Extraction and Report Language*)
Lenguaje de programación desarrollado por Larry Wall y utilizado para crear aplicaciones CGI que permitan ejecutar acciones en páginas de Internet.

Petabyte
1 PB (Petabyte) equivale a 1.000 *Teraby*te. 1 PBps (Petabyte por segundo)
Véanse *Bit*, *Byte*.

PGP
(*Pretty Good Privacy*).
Programa de cifrado desarrollado por Phil Zimmermann, muy popular en Internet y

uno de los más seguros, que permite enviar y recibir correo electrónico y otros documentos sin que puedan leerlos otros usuarios. Otra característica de PGP es que permite realizar firmas digitales (*digital signature*) en los documentos y el correo, como prueba de identidad. Cualquier posible modificación en los mensajes será detectada por el PGP.

Véanse *Autoridad certificadora, Cifrado, Criptografía, Descifrado, Firma digital* y *PGP*.

PGPI
(*Pretty Good Privacy International*).

Versión internacional de PGP que difiere ligeramente de ella, ya que soporta claves RSA y está preparada para varias plataformas, como Amiga o algunas variantes de UNIX.

Véase www.pgpi.com.

PING
(*Packet Internet Groper*).
Función del protocolo TCP/IP que permite al usuario comprobar su conexión con otro ordenador de Internet o comprobar si su conexión funciona correctamente. Si «hacemos un ping sobre un determinado *host*» para comprobar si está en funcionamiento, recibiremos un mensaje de respuesta.

PKI
(*Public Key Infrastructure*).
Sistema de clave pública que permite transmitir datos cifrados, y sólo el desti-

natario puede abrir el mensaje con su propia clave.

Véanse *Autoridad certificadora, Cifrado, Criptografía, Descifrado, Firma digital* y *PGP*.

PKZIP
Utilidad de compresión shareware para PC que crea documentos de tipo «.zip». Para poder descomprimir los ficheros se utiliza PKUNZIP.

Plug-in
Componentes de software que amplían las capacidades del navegador para permitir leer o mostrar determinados documentos que no pueden leerse sin ellos. Entre ellos se encuentran Shockwave de Macromedia, QuickTime, o RealAudio, que muestra archivos de sonido. Las últimas versiones de los navegadores suelen incorporar estos plug-in.

Point Of Presence
Véase *POP*.

Point-to-Point Protocol
Véase *PPP*.

POP
(*Point Of Presence*).
Servicio telefónico local para acceder a Internet. Los mayores proveedores de In-

ternet ofrecen POP distribuidos por todo el país, con distintos números de teléfono según la proximidad geográfica. Si accedemos a una zona próxima, la tarifa telefónica será más económica.

POP

(Post Office Protocol).
Protocolo para el uso del correo electrónico entre servidores y clientes. Cuando nos envían mensajes, éstos quedan almacenados en el servidor hasta que accedemos a él. Tras identificarnos, utilizamos el protocolo POP para leer en nuestro ordenador el correo del servidor. Existen tres versiones: POP, POP2 y POP3.

La alternativa a POP es IMAP, o Interactive Mail Access Protocol, con el que podemos leer el correo electrónico en el servidor sin descargarlo en nuestro ordenador. Por otra parte, SMTP es el protocolo utilizado para transmitir correo electrónico en Internet, que después puede leerse desde el servidor con POP e IMAP.

POP Server

(Post Office Protocol).
Servidor que recibe y almacena archivos de correo electrónico.

POP3

(Post Office Protocol 3).
Véase *POP.*

Popmail

Véase *POP* (***Post Office Protocol***).

Port

Véase *Puerto.*

Portable Document Format

Véase *PDF.*

Portal

(Del latín *porta,* puerta). Al igual que en el mundo real el zaguán nos permite acceder a todas las habitaciones de la casa, en Internet los portales nos dan acceso a una amplia variedad de servicios, como noticias, meteorología, buscador, juegos, web mail, bolsa, información geográfica, chat, foros, etc.

Los directorios y buscadores han evolucionado hasta convertirse en web sites que incluyen todo tipo de información e incluso posibilitan la venta de productos y servicios mediante los portales. En los últimos años han aparecido innumerables portales, muchos de ellos desarrollados por empresas de telecomunicaciones.
Ejemplos:
www.canal21.com
www.excite.com
www.lycos.com
www.msn.com
www.terra.com
www.ya.com
www.yahoo.com.

Post, posting

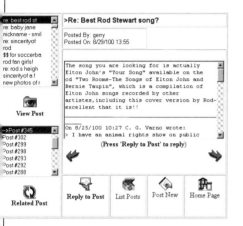

Post: Mensaje enviado a un newsgroup, o a una lista de correo, que puede ser leído por todos los usuarios.
Posting: enviar el post.

Post Office Protocol
Véase *POP*.

Postmaster
Persona responsable del mantenimiento de un servidor de correo. Tenemos la posibilidad de dirigirnos a él en la dirección de correo electrónico postmaster@empresa.com.

PPP
(*Point-to-Point Protocol*).
Protocolo de comunicaciones y envío de paquetes que permite utilizar el protocolo TCP/IP y conectar el ordenador a Internet mediante un módem y una línea telefónica.
El *Point-to-Point Protocol* es la alternativa más moderna y diámica a SLIP (Serial Line Internet Protocol).

Practical Extraction and Report Language
Véase *PERL*.

Pretty Good Privacy
Véase *PGP*.

Pretty Good Privacy International
Véase *PGPI*.

Print button

Botón del navegador que permite imprimir la página que estamos viendo. Esta función también puede activarse desde la barra de texto del navegador.

Privilegios de acceso - *Access privileges*
Privilegios que permiten el acceso y la realización de modificaciones en los archivos de una red.

Protocolo - *Protocol*
Regulaciones y normas informáticas que deben observarse para realizar una determinada función, como la transferencia de datos entre dos ordenadores. Los ordenadores y las redes se comunican observando protocolos estándar. Algunos de los más conocidos en Internet son:
– FTP: *File Transmission Protocol*.
– HTTP: *HyperText Transfer Protocol*.
– IP Address: *Internet Protocol Address*.
– NNTP: *Network News Transfer Protocol*.
– POP: *Post Office Protocol*.

– SMTP: *Simple Mail Transfer Protocol*.
– TCP/IP: *Transmission Control Protocol/ Internet Protocol*.

Proveedor - *Provider*
Véase *ISP.*

Proveedor de acceso a Internet- *Internet Access Provider*
Véase *ISP.*

Proxy
Véase *Servidor proxy.*

Proxy *server*
Véase *Servidor proxy.*

Public domain
Véase *Dominio público.*

Public Key Infraestructure
Véase *PKI.*

Publicar - *Publishing*
Poner información en un servidor de Internet para que los internautas puedan acceder a ella.

Puerto - *Port*
En Internet, parte del servidor web que atiende peticiones sobre determinados servicios, como Telnet, FTP, WWW. Cada uno tiene su propio número de puerto asignado. Así, los servidores web utilizan el puerto «80», y si en la URL se especifica como http://www.empresa.com:8000,

indica que no está en un puerto estándar. HTTPS utiliza el «443», Gopher el «70», el servidor de correo electrónico el «110», Telnet el «23», etc. El usuario accede a un determinado puerto sin saberlo, y no necesita conocer los números de los mismos, ya que el sistema le direcciona automáticamente.

Pull
Navegación por Internet en la que el usuario debe buscar la información para acceder a ella. El caso contrario es *push*.

Pure player
(Jugador puro).
Dícese de los negocios que han nacido en el entorno de Internet, es decir, que no proceden de empresas del mundo físico. Véase *Click and mortar*.

Push
Tecnología que permite enviar periódicamente información a los usuarios que la han solicitado, sin necesidad de localizarla. El usuario se suscribe e indica el tipo de información que desea recibir. Esta información suele versar sobre noticias, meteorología, deportes o bolsa. El caso contrario se denomina *pull*, en el que el usuario debe buscar la información. Productos conocidos para realizar *push* son PointCast y Marimba.

Push media
Tecnología *push* para enviar noticias.

Quake

Juego que consiste en el aniquilamiento de los enemigos en un entorno de tres dimensiones. Es el juego que más ha revolucionado el sector.

En Internet puede jugarse contra otros usuarios (multijugador).

Puede visitarse en www.quake.com.

Query

Solicitud de búsqueda enviada a una base de datos para localizar una información en concreto o todas las que coincidan con los criterios de búsqueda.

Se compone de una o varias palabras –en ocasiones incluso frases– que pueden llevar intercaladas las palabras «or», «and» o «not» para precisar más la búsqueda.

QuickTime

Formato multimedia multiplataforma, desarrollado por Apple Computer, que puede incluir texto, gráficos, sonido, música, animaciones, vídeo e incluso escenas de realidad virtual de 360º. Creado en el año 1991, en la actualidad ha llegado a formar parte de los más populares en Internet.

Véase www.apple.com/quicktime/.

Gladiator
Copyright © 2000 DreamWorks Pictures

QuickTime Live Keynote

QuickTime VR

Tecnología de realidad virtual de Apple aplicable a entornos Windows y Macintosh. Utilizando fotografías e imágenes creadas con ordenador, podemos representar mundos virtuales con aspecto real y en tres dimensiones (3D), moviéndonos en 360° y navegando entre escenas por medio del ratón. En Internet se utiliza como un plug-in del navegador, que permite ver estas creaciones en innumerables web sites.

Véase www.apple.com/quicktime/qtvr/.

RDSI - ISDN

(Red Digital de Servicios Integrados - *Integrated Services Digital Network*)
Conexión digital que ofrece una velocidad muy superior a la de la conexión analógica (128.000 bps o 128 Kbps). Se necesita un terminal ISDN y un módem especial. La línea RDSI dispone de dos canales de 64 Kbps cada uno, que sumados ofrecen 128. Pueden instalarse en viviendas y oficinas y permiten utilizar simultáneamente la misma línea para voz y datos.

RealAudio

Plug-in de la empresa Progressive Networks que permite reproducir archivos de audio de extensión «.rm» mientras se realiza la descarga; no es necesario descargar el documento completo para poder escucharlo. A este proceso se le denomina *streaming*.

Realidad virtual - *Virtual Reality*

Entorno de tres dimensiones (3D) creado con ordenador que simula un entorno real. En muchos casos deben utilizarse unas gafas y unos guantes especiales para aumentar el efecto de realismo.

RealJukebox

Jukebox o máquina de discos que permite crear y combinar listas de reproducción de música digitalizada y reproducir MP3.

RealMedia

Véase *Realplayer*.

RealNetworks

Compañía fundada por Rob Glaser, pionera y líder en el envío de multimedia a través de Internet. Su primer producto, Real-Player, fue lanzado al mercado en 1995, y a mediados de 2000 contaba con más de 130 millones de usuarios, registrándose un aumento de 200.000 usuarios diarios. Su segundo producto más conocido, RealJukebox, fue lanzado al mercado en mayo de 1999. En la misma época que RealPlayer contaba con cerca de 35 millones de usuarios, y se ha convertido en el sistema de jukebox más popular de los hogares norteamericanos. Los productos de RealNetworks permiten, entre otras posibilidades, visualizar en vivo deportes, música, noticias y ocio, así como descargar contenidos almacenados que pueden visualizarse mientras se descargan a diferencia de otros productos, en los que se precisa la descarga completa del archivo para poder visualizarlo.

Puede visitarse en www.realnetworks.com.

RealPlayer

Plug-in que ofrece la calidad necesaria para visualizar vídeo, junto con un audio de gran calidad. RealPlayer ajusta sus características a la velocidad del equipo del usuario y descarga el vídeo a la vez que se visualiza, lo cual es una ventaja respecto a la mayoría de los sistemas de Internet, que deben descargar completamente la secuencia para poder visualizarlo. A este proceso se le denomina *streaming*. Puede descargarse de www.real.com.

.rec

(*rec newsgroup*).
Categoría superior de los usenet newsgroups (grupos de noticias) dedicados a temas de ocio (recreativos). Otras categorías son: alt (*alternative*), news, comp

(*computer*), sci (*science*), biz (*business*), misc (*miscellaneous*), talk o soc (*social*). La mayoría de navegadores de Internet permiten acceder a estos newsgroups. Véase *Newsgroups*.

Red - *Network*

Hardware y software que facilitan la conexión entre varios ordenadores y permiten el intercambio de datos y recursos. Existen diferentes tipos de redes, según su alcance geográfico, como LAN (*Local Area Network*) o WAN (*Wide Area Network*).

Red de redes - *Network of networks*

Denominación que recibe Internet por unir millones de ordenadores en una sola red. Véase *Internet*.

Reload / Refresh button

Botón del navegador que permite volver a cargar la página que se está visualizando. Suele utilizarse cuando parte de la página se ha descargado con errores (por ejemplo, una imagen que no aparece) o bien cuando se trata de una página que sufre constantes actualizaciones (por ejemplo, cotizaciones bursátiles).

Remote access

Véase *Acceso remoto*.

Reproductor de audio - *Sound player*

Aplicación añadida al navegador que permite reproducir archivos de sonido.

Request For Comments
Véase *RFC*.

Response time
Véase *Tiempo de respuesta*.

Revista electrónica
Véase *E-zine*.

RFC
(Request For Comments).
Series de documentos de investigación y desarrollo de Internet, que se utilizan para definir y establecer los estándares y protocolos. Siempre van acompañados de un número; por ejemplo, RFC-822 define los estándares para el correo electrónico. IETF (Internet Engineering Task Force) es la responsable de su elaboración y pueden descargarse desde FTP anónimos.

Ring
Véase *Anillo*.

Rio

El dispositivo Diamond Rio PMP300 fue el primer reproductor de MP3 que salió al mercado. Es mucho más pequeño que el típico *walkman* (cabe en la palma de la mano), pesa 70 gramos y proporciona una gran calidad de sonido. Puede almacenar una hora de sonido (32MB de memoria flash) y permite convertir las canciones de los CD normales en formato MP3; puede incorporar, asimismo, tarjetas de memoria extraíbles para almacenar más música. Después han aparecido muchos más reproductores, pero Rio fue el pionero.
Puede visitarse en www.riohome.com.

RIPE NCC
Organización sin fines lucrativos que administra y registra las direcciones IP (Internet Protocol) en las zonas geográficas de Europa, Oriente Medio y África. Es una de las tres Regional Internet Registries mundiales que prestan servicio de registro.
Véanse *ARIN* y *APNIC*.

Robot
Véase *Spider*.

Router
Dispositivo de comunicaciones que dirige datos entre dos o más redes. Los routers leen las direcciones de destino de los paquetes y eligen el camino más adecuado para enviarlos. Las redes deben utilizar IP (Internet Protocol).

Routing
Envío de un mensaje a través de una red, o entre redes, por el camino más adecuado.

RSA *Security*
Compañía de Massachusetts que goza de gran prestigio por sus aportaciones en

materia de seguridad en Internet, especialmente en lo que respecta al cifrado y la llave pública.
Puede visitarse en www.rsasecurity.com.

RTC
(Red Telefónica Conmutada).
Red telefónica para transmitir voz y datos.

RTF
(*Rich Text Format*).
Formato de documento de texto desarrollado por Microsoft para intercambiar documentos entre aplicaciones diferentes entre sí.

.sci
(*science newsgroup*).
Categoría superior de los usenet news-groups (grupos de noticias) dedicados a la ciencia, en áreas como la agricultura, la biología o la química. Otras categorías de *newsgroups* son: alt (*alternative*), news, comp (*computer*), talk, biz (*business*), misc (*miscellaneous*), rec (*recreational*) o soc (*social*). La mayoría de navegadores de Internet permiten acceder a estos newsgroups. Véase *Newsgroups*.

Scroll bar
Véase *Barra de desplazamiento*.

Search button

Botón de la barra del navegador que permite realizar la búsqueda.

Search engine
Véase *Motor de búsqueda*.

Searcher
Véase *Buscador*.

Secure Electronic Transaction
Véase *SET*.

Secure Hypertext Transfer Protocol
Véase *HTTP*.

Secure server
Véase *Servidor seguro*.

Secure Sockets Layer
Véase *SSL*.

Secure web server
Véase *Servidor web seguro*.

Seguridad - Security
En Internet, existen unos mecanismos de control para evitar el uso improcedente o no autorizado de los sistemas. La seguridad contempla numerosos aspectos: en el acceso a los servicios o áreas restringidos (sólo se puede entrar utilizando una contraseña); en los sistemas, controlados por el administrador de sistemas (System Administrator o SysAdmin); frente a los virus que puedan penetrar en el sistema; en los pagos; en el cifrado de la información, y en el correo electrónico.

Serial Line Internet Protocol
Véase *SLIP*.

Server
Véase *Servidor*.

Servicio online - Online service
Servicio de suscripción que facilita el acceso a Internet, así como los servicios de información, correo electrónico, foros de discusión, chat, etc., para uso exclusivo de sus usuarios. Los servicios más conocidos son America Online (AOL), CompuServe (adquirido por AOL), Prodigy, Delphi, GEnie, The Microsoft Network. Suelen cobrar una cuota mensual por su uso.

Servidor - *Server*
En Internet, el servidor recibe las solicitudes de los navegadores y suministra la información, como páginas HTML, correo electrónico o archivos. En él residen el servidor web y los documentos asociados. Los ISP suelen tener diferentes servidores: servidor de páginas web, servidor de correo electrónico, servidor de FTP, etc. Cuando navegamos por Internet, descargamos páginas en nuestro ordenador desde un servidor web.

Servidor de chat - *Chat server*
Servidores que permiten la comunicación entre los internautas de manera similar a una conversación real. Un ejemplo es IRC (Internet Relay Chat).

Servidor de correo electrónico - *E-mail server*
Ordenador que controla el correo que enviamos y recibimos.

Servidor de ficheros - *File servea*
Ordenador que suministra ficheros de usuarios remotos a través de una red.

Servidor de *News - News server*
Ordenador que controla el servicio de los newsgroups. Desde él se pueden descargar los newsgroups que se desee.

Servidor Internet - Internet *server*
Véase *Servidor*.

Servidor *proxy - Proxy server*
Sistema de seguridad en Internet. Cuando utilizamos un proxy, enviamos las peticiones a servidores de Internet a través de él, en lugar de hacerlo directamente desde nuestro ordenador.

Servidor seguro - *Secure server*
Servidor que utiliza el protocolo SSL (Secure Sockets Layer) para cifrar los datos que se transfieren en redes TCP/IP.

Servidor virtual - *Virtual server*
Sección dentro del disco duro de un servidor real. Por ejemplo, en un mismo servidor pueden estar alojadas varias web sites, y se accede a cada una de ellas como si fuera un servidor web dedicado.

Servidor web - *Web server*
Ordenador que suministra páginas web a los usuarios.

Servidor web seguro - *Secure web server*
Servidor que codifica (cifra) toda la información que envía y recibe.

SET
(*Secure Electronic Transaction*).
Protocolo estándar para transacciones económicas mediante tarjeta de crédito desarrollado en 1995 por un consorcio formado por Visa, MasterCard, VeriSign, Microsoft, Netscape, RSA y otras empresas líderes en tecnología. SET fue diseñado para realizar de manera segura los pagos y transacciones online, autenticando a todas las partes involucradas en la transacción, y ofrecer un formato estándar para transmitir información de pagos de manera confidencial. El usuario recibe un certificado digital y cuando se realiza la transacción, se verifica median-

te una combinación de certificados y firmas digitales entre el comprador, su entidad financiera y el vendedor. Frente a SSL su principal diferencia es que garantiza la identidad de las partes que intervienen en la transacción. En la actualidad, SET es utilizado por miles de organizaciones, como bancos y otras instituciones financieras, empresas de tarjetas de crédito y tecnológicas. Los certificados SET pueden ser de titulares de la tarjeta, comerciantes y pasarelas de pago.

La ACE, como autoridad certificadora, explica el proceso de una transacción SET en comercio electrónico:

1 El titular, mediante su navegador, conecta con la web site del comercio.

2 El titular selecciona el producto que desea comprar.

3 El titular visualiza una solicitud de compra que contiene una lista de productos, precios, impuestos, gastos de envío, etc. Esta solicitud puede haber sido enviada por el servidor del comercio o generada por el propio software de compra del titular.

4 El titular selecciona el medio de pago que le ofrece el comercio. En el caso de que seleccione el pago a través de tarjeta de crédito utilizando SET, abrirá su wallet y seleccionará el certificado SET ligado a la tarjeta con la que desea realizar el pago.

5 Se establece una comunicación bajo el protocolo SET entre el navegador y el comercio, utilizando los certificados SET de titular y comercio.

6 El titular, mediante su wallet, realiza dos envíos (sobres) con la información de su certificado: el pedido de compra fir6

mado (mensaje abierto) y una orden de pago firmada (cifrada).

7 El comercio recibe la transacción electrónica del titular y verifica, mediante su software gestor, la validez del certificado del titular y el pedido de compra firmado por éste.

8 El comercio envía a la pasarela de pagos los datos de la transacción y el sobre cifrado con los datos de la tarjeta.

9 La pasarela de pagos recibe la transacción electrónica del comercio, verifica los certificados de las firmas del comercio y el titular, y descifra la petición de autorización enviada por el comercio y los datos de la tarjeta enviados por el titular a fin de solicitar la autorización económica al medio de pago correspondiente.

10 La pasarela de pagos procesa la petición de autorización económica al medio de pago.

11 El medio de pago autoriza el pago y envía un mensaje con el número de autorización de la transacción SET a la pasarela de pagos.

12 La pasarela de pagos envía el número de autorización SET al comercio.

13 El comercio envía los productos o presta los servicios solicitados.

14 El medio de pago realiza la liquidación a la entidad emisora (cargo) y a la adquiriente (abono).

Véase *Wallet*.

Set-top box

Equipos que se conectan al televisor y la línea telefónica, el satélite o el cable para navegar, utilizar el correo electrónico, etc. Véase *WebTV*.

SGML
(*Standard Generalized Markup Language*)
Estándar internacional establecido en 1986 para la descripción de texto electrónico de mark-up. Es un metalenguaje. De él proceden HTML y XML.

Shareware
Software de uso gratuito por un tiempo de prueba limitado (suele ser un mes), tras el cual se debe pagar una pequeña cuota. Suele ser software creado por programadores independientes o pequeñas compañías. Algunos shareware no incluyen toda la funcionalidad hasta que se paga la licencia, momento en el que se suele recibir también la documentación, los manuales y el soporte técnico. No debe confundirse con *freeware*, que es software gratuito sin límite de tiempo.

Shockwave flash
Véase *Flash*.

Shockwave player
Software de Macromedia que permite mostrar multimedia en Internet. Se utiliza para juegos, creaciones interactivas, temas de ocio y cultura, y formación. El reproductor es gratuito, y puede descargarse desde www.macromedia.com/shockwave/.

Shopping cart
Véase *Carro de la compra*.

Shouting
(Del inglés, griterío).
Cuando participamos en newsgroups, chats o escribimos correos electrónicos y escribimos con letras mayúsculas, es como si levantáramos la voz; denota enfado entre los internautas.

SHTTP
Véase *HTTPS*.

SIG
(*Special Interest Group*)
Grupo de discusión a través del correo electrónico, canales IRC, *Listservs* o web. También se denominan alternativamente foros (*forum*).

Signature, .sig, signature file, .sig file
Texto digital situado al final del mensaje, en forma de código ASCII, que incluye información sobre el autor del correo electrónico o mensaje de newsgroup: cargo, empresa, teléfono, dirección web, etc. Algunos sistemas permiten su inclusión automática al enviar un correo electrónico, mientras que en otros casos se ha de poner manualmente. También es frecuente encontrarse dibujos creados con caracteres ASCII que dan más personalidad a la firma. Ejemplo: Pedro Pérez
        Director de marketing
        Oquendo, S.A.
www.oquendo.es.

Silicon Alley
Zona de Manhattan (Nueva York) donde han establecido su sede numerosas empresas de Internet. Recibió este nombre en alusión al conocido Silicon Valley.

Silicon Valley
Lugar de California donde tienen su sede muchas multinacionales de informática.

Simple Mail Transport/Transfer Protocol
Véase *SMTP*.

Simple Network Management Protocol
Véase *SNMP*.

Site
Véase *Web site*.

Site FTP anónimo - *Anonymous FTP Site*
Site FTP que no precisa una clave y una contraseña para acceder a él; de ahí el nombre de anónimo.

SLIP
(*Serial Line Internet Protocol*).
Estándar, ajeno a Internet, utilizado para conexiones punto a punto (*point-to-point*) sobre TCP/IP, predecesor del PPP (Point to Point Protocol). SLIP define una secuencia de caracteres que estructura paquetes IP en una serie.

Smart card
Tarjeta de plástico, similar a una tarjeta de crédito, que contiene una memoria electrónica y, en ocasiones, un circuito integrado con un microprocesador.
Se utilizan para identificar a su propietario, almacenar información del usuario, validar números personales (PIN), autorizar compras, etc. Pueden asegurar las transacciones en el entorno de Internet.

Smiley
Véase *Emoticon*.

SMTP
(*Simple Mail Transport/Transfer Protocol*).
Protocolo estándar que utiliza TCP/IP y controla el intercambio de mensajes a través de servidores de Internet, especificando cómo interactúan dos sistemas de correo, es decir, observando las normas de actuación entre dos programas, uno que envía correos y otro que los recibe. Suele utilizarse combinado con otros protocolos de recepción de correo, como POP3 e IMAP4, que permiten al destinatario almacenar los mensajes en un servidor y descargarlos cuando lo desee. Al enviar un correo electrónico, primero pasa por un servidor SMTP, y de éste al servidor SMTP del destinatario.

Snail mail
Término peyorativo (*snail* significa caracol) utilizado por los usuarios de Internet para designar el correo tradicional, especialmente el U.S. Postal Service (Servicio de Correos de Estados Unidos).
Sus detractores utilizan el argumento de que un correo electrónico llega a los antípodas del emisor en apenas unos segundos, mientras que el correo tradicional puede tardar varios días.

SNMP
(*Simple Network Mangement Protocol*)
Protocolo utilizado para gestionar nodos y dispositivos de redes basadas en TCP/IP, por lo general hosts, hubs y routers.

.soc
(*soc newsgroup*).
Categoría superior de los usenet newsgroups (grupos de noticias) dedicados a

temas sociales, como la tercera edad, las mujeres, el ateísmo o la religión. Otras categorías de *newsgroups* son: alt (*alternative*), news, comp (*computer*), sci (*science*), biz (*business*), misc (*miscellaneous*), rec (*recreational*) o talk. La mayoría de navegadores de Internet permiten acceder a estos newsgroups.
Véase *Newsgroups*.

Socket
Combinación de una dirección IP del servidor y un puerto como, por ejemplo, «209.102.109.20 port 80». Permite conectarse a otro programa activo en otro ordenador de Internet.

Software de compresión - *Compression program*
Programa utilizado para reducir ficheros a fin de que ocupen menos espacio en nuestro disco duro y enviarlos con mayor rapidez a través del correo electrónico. Algunos de los programas más conocidos son WinZip, PKZIP y Stuffit. En general, los archivos comprimidos utilizan la letra «z» en su extensión de archivo para indicar que están comprimidos. Por ejemplo, «texto.zip». También existen programas de compresión para imágenes, como el JPEG, y para sonidos y vídeo. El software de compresión también realiza la descompresión o expansión.
Véase *Compresión*.

Software de comunicaciones - *Communications program / software*
Programa que permite comunicarse con otros ordenadores, normalmente median-

te un módem a través de la línea telefónica, y compartir información.

Sound file
Véase *Audio*.

Sound player
Véase *Reproductor de audio*.

Source document
Documento HTML, basado en texto, que contiene los comandos necesarios para que nuestro navegador muestre en la pantalla la página web solicitada. La página que estamos viendo en el navegador suele tener, por tanto, un documento creado en HTML como fuente.

Spam, junk e-mail

Correo basura o envío de mensajes improcedentes, por lo general comerciales y no solicitados, a bulletin boards, newsgroups, mailing lists o direcciones de correo electrónico. Cuando se envían a direcciones de correo electrónico suele hacerse en grandes cantidades de mensajes idénticos para cubrir listados de usuarios de Internet. Puede llegar a enviar el mismo mensaja miles de veces a diferentes usuarios. Está mal visto por la comunidad de internautas, ya que viola una de las normas elementales de la netiquette. El verbo es *spamming*. Los internautas suelen responder enviando documentos voluminosos que bloquean el servidor de origen del correo, y hacen disminuir la calidad de los servicios del ISP. El término *spam* procede de una parodia de Monty Python realizada en el «Green Midget Café» en la que repetían la palabra innumerables veces. Su relación con el «Spam» o sándwich relleno de carne de cerdo especiada de la empresa Hormel es más dudosa. Hormel fue creada en Austin, Minnesota, en 1937 y en la actualidad sigue comercializando con éxito su producto en recipientes de doce onzas.

Puede visitarse la web site www.spam.com de la empresa Hormel, donde se hacen alusiones a su relación con Monty Python.

Spamming
Acción de realizar spam.

Special Interest Group
Véase *SIG*.

Spider, robot, crawler, bot
Motor de búsqueda que comienza en una página web y, además de acceder a cada link visitando las páginas enlazadas, va revisando todas las páginas de Internet. Almacena todas las URL visitadas y las introduce en una base de datos, donde las indexa a partir de palabras clave presentes en la página o de todas las palabras que aparecen. Normalmente, crea un índice basado en los meta tags del título. Internet se ha convertido en un mundo de tal magnitud que no existe ningún buscador que tenga todas las páginas in-

dexadas, ya que el ritmo de crecimiento y cambios en las páginas es enorme. Los spiders se utilizan para crear y mantener los buscadores comerciales. Existen algunos buscadores especializados que rastrean Internet en busca de direcciones de correo electrónico o de violaciones de los derechos de autor.

Spidering
Proceso de búsqueda de páginas web en Internet mediante spider.

SQL
(*Structured Query Language*).
Lenguaje de programación estándar, especializado en extraer, modificar o eliminar datos de las bases de datos relacionales.

SSL
(*Secure Sockets Layer*).

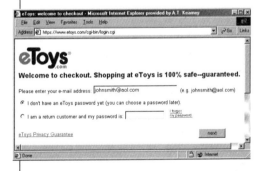

Protocolo de seguridad estándar, desarrollado por la compañía californiana Netscape Communications Corp., para realizar transmisiones seguras de datos entre redes de ordenadores. En la actualidad, está muy extendido en Internet y ha contribuido al rápido crecimiento del comercio electrónico, ya que permite efec-

tuar con absoluta seguridad transacciones cifradas e íntegras mediante tarjetas de crédito en numerosos comercios de Internet, así como otras muchas operaciones. Es muy importante adoptar este tipo de medidas, ya que la información viaja por muchos ordenadores antes de llegar a su destino, y otros usuarios podrían acceder a ella. Cuando la página en la que entramos es de transacción segura, aparecen las siglas «https:», donde la «s» indica que estamos utilizando una conexión SSL. El funcionamiento es sencillo, ya que nuestro ordenador y el ordenador al que nos conectamos tienen un certificado de seguridad que ambos intercambian, la información es entonces cifrada utilizando ambos certificados, y sólo el destinatario autorizado puede abrir ese documento, descifrarlo y leerlo. Utiliza, por tanto, el sistema de cifrado por llave pública y privada de la RSA y un certificado digital. El propio navegador nos indica si hemos establecido una conexión segura; en el caso de Microsoft, el candado abierto que aparece en la pantalla está cerrado, y en Netscape la llave figura íntegra. En el ejemplo aparece una página segura del proceso de pago de «e-toys». Puede verse el candado en la parte inferior izquierda del navegador y la URL https://www.etoys.com/cgi-bin/login.cgi.

Standard Generalized Markup Language
Véase *SGML*.

Starmedia
Portal con sede en Nueva York, fundado en 1996 y destinado al mercado de habla española y portuguesa. Opera en España, Argentina, Brasil, Chile, Colombia, México, Puerto Rico, Uruguay, Venezuela y Estados Unidos.
Puede visitarse en www.starmedia.com.

Status bar
Véase *Barra de estado*.

Stop button

Botón del navegador que permite interrumpir la descarga de la página actual.

Stream, streaming
Reproducción de audio, vídeo o animaciones a medida que se descarga de un servidor remoto de Internet. Es un sistema mucho más avanzado que el de esperar a la descarga completa del fichero para su reproducción, lo cual es especialmente pesado cuando se trata de documentos grandes. Para reproducirlo, se pueden utilizar diversos programas, como los de Real o Microsoft, que en muchos casos permiten descargar por adelantado parte de la información en el buffer, con lo que se evitan interrupciones cuando se producen cortes o ralentizaciones en el envío.

Los documentos suelen estar muy comprimidos para facilitar su descarga mediante módem de 28,8 o 14,4 Kbps. Con conexiones de mayor velocidad y empleo de ADSL, RDSI o cable-módem, la descarga se produce de forma muy rápida, y la calidad del audio o el vídeo suele ser mayor. Muchas web sites permiten descargar el mismo fichero seleccionando la velocidad de descarga del módem, por lo que cuanto mayor sea la velocidad, mayor será la calidad.

Streaming audio
Reproducción de ficheros de audio a medida que se descarga el fichero.
Véase *Stream, streaming*.

Streaming video
Reproducción de ficheros de vídeo a medida que se descarga el fichero.
Véase *Stream, streaming*.

Structured Query Language
Véase *SQL*.

Stuff, unstuff
Dícese del proceso de comprimir (stuff) y descomprimir (unstuff) ficheros. Se denomina también *zipping* y *unzipping*.

Stuffit
Programa para comprimir y descomprimir ficheros, muy popular en el entorno Macintosh.

Subject
Área del mensaje de correo electrónico que se pone como cabecera para indicar el motivo del envío.

Sun Microsystems, Inc.

Compañía fundada en 1982. En 1995 lanzó Java y, en 1998, Jini. En 1999 firmó un acuerdo estratégico con America Online, Inc. que dio lugar a iPlanet, destinado a ofrecer soluciones de comercio electrónico.

Surf
Navegación por Internet. Recibe este nombre ya que no se navega linearmente, sino que se utilizan los enlaces, modificando la navegación inopinadamente. Se dice «surfear» cuando navegamos con un rumbo errático.

Surfer
Internauta que practica el surf.

Surfing
Navegación por Internet mediante un navegador.

SurfWatch

Compañía que empezó a ofrecer productos de filtrado para Internet en mayo de 1995. Fue adquirida por Spyglass, Inc. en abril de 1996 y en noviembre de 1999 por JSB Software Technologies. Sus productos filtran el contenido de IRC (Internet Relay Chat), newsgroups, web sites y otras áreas de la World Wide Web.

Sus filtros incluyen cinco categorías principales: drogas, alcohol y tabaco; juegos de azar; palabras malsonantes; sexo y violencia.

Surfwatch bloquea el acceso a millones de web sites, 5.000 newsgroups y 200 canales de IRC. Sus programas son muy utilizados por los padres para impedir que sus hijos puedan tener contacto con determinadas áreas como, por ejemplo, la pornografía.

Puede visitarse en www.surfwatch.com.

Suscribir - *Subscribe*

Inscribirse en una lista de correo para recibir correos sobre temas de interés, un newsgroup, un periódico electrónico, etc.

Sybase

Compañía que goza de gran popularidad por su base de datos SQL y sus productos de middleware.

Puede visitarse en www.sybase.com.

Sysop

(*Systems Operator*).

Persona responsable del control y la operatividad de un bulletin board system, web site, foro, newsgroup, red de área local, etc.

T1

Conexión telefónica de alta velocidad y banda ancha que permite transferir datos a 1,544 millones de bits por segundo o 1,544 Mbps. Es la transmisión digital estándar utilizada en Estados Unidos, Canadá, Hong-Kong y Japón.

T3

Conexión telefónica que permite transmitir datos a 45 millones de bits por segundo o 44,736 Mbps, suficiente para transmitir vídeo a toda pantalla.

Tag

En la creación de páginas HTML, códigos de formato que indican al navegador cómo debe mostrar la información. Por ejemplo, <br> indica salto de línea (*break*) y <p>, inicio de pantalla.

.talk

(*talk newsgroup*).
Categoría superior de los usenet newsgroups (grupos de noticias) dedicados a temas como filosofía, política o religión. Otras categorías son: alt (*alternative*), news, comp (*computer*), sci (*science*), biz (*business*), misc (*miscellaneous*), rec (*recreational*) o soc (*social*). La mayoría de navegadores de Internet permiten acceder a estos newsgroups.
Véase *Newsgroups*.

Tarifa plana - *Flate rate*

Tema muy controvertido en España que provocó huelgas de internautas a finales de 1998. Se basa en la creación de una tarifa fija mensual de conexión a Internet por parte de las empresas operadoras de telecomunicaciones, para navegar sin límite de tiempo por una cuota fija. En el año 2000 ha vuelto a ser un tema polémico, y las primeras compañías empiezan a ofrecer una tarifa plana.

TCP

(*Transmission Control Protocol*).
Véase *TCP/IP*.

TCP/IP

(*Transmission Control Protocol/Internet Protocol*).
Grupo de protocolos de comunicación que gobiernan el funcionamiento básico de Internet independientemente de los sistemas operativos existentes; es la base de la transmisión y enrutado de la información. Se utiliza también en Intranets y Extranets. Fue utilizado por primera vez en 1983 por el departamento de Defensa norteamericano. Se divide en dos partes o capas: *a)* TCP (Transmission Control Protocol) asegura la correcta transmisión de datos entre dos ordenadores. Si se producen pérdidas de información, ésta vuelve a enviarse. TCP es el responsable de dividir el mensaje en pequeños paquetes de datos, enviarlos por Internet, reenviar los que se pierdan o dañen y ensamblarlos correctamente en su destino para recuperar el mensaje original. *b)* IP (Internet Protocol) indica cómo viajan los paquetes de datos desde el lugar de origen hasta

el de destino, a través de diversos caminos. Para ello, cada paquete lleva la dirección de destino, y cada ordenador por el que pasa comprueba la dirección para enviarlo correctamente.

Otros protocolos conocidos son FTP (File Transfer Protocol), HTTP (Hypertext Transfer Protocol), Telnet (Telnet) y SMTP (Simple Mail Transfer Protocol). Todos ellos se empaquetan con el TCP/IP en forma de suite.

A veces se utiliza el UDP (capa de protocolo de transporte o User Datagram Protocol) para sustituir al TCP.

Televisión por cable - *Cable* TV, CATV (Community Antenna Television).

Modalidad que, a diferencia de la televisión por satélite y la terrestre, conecta al usuario a través de cable. La televisión por cable ofrece la posibilidad de conectarse a Internet, utilizar el correo electrónico, interactividad, etc.

Telnet

Programa y protocolo estándar de Internet que permiten acceder a otro ordenador de cualquier parte del mundo (remoto) y entrar en sus archivos y programas, siempre y cuando tengamos autorizado el acceso; para ello suele solicitarse un nombre de usuario y una contraseña. Es un comando de usuario y parte de TCP/IP. Estos ordenadores suelen ser de gran tamaño (estaciones de trabajo), y almacenan los datos a los que se desea acceder como, por ejemplo, el de un centro de investigación o una biblioteca de universidad. Uno de sus usos es el de participar

en juegos basados en texto; son los denominados MUD. La web y el protocolo FTP permiten solicitar determinados ficheros de ordenadores remotos, pero no nos identifica como usuarios de ese ordenador. Con Telnet entramos como usuario registrado con derecho a disfrutar de los privilegios que previamente hayan sido autorizados.

Terabyte

1 TB (Terabyte) equivale a 1.000 Gigabyte. 1TBps (Terabyte por segundo)
Véanse *Bit*, *Byte*.

Terra

Portal español, uno de los más importantes de Internet. Especializado en el mundo hispano, a mediados del año 2000 alcanzó un acuerdo con el portal Lycos, y se convirtió en un portal global. Puede visitarse en www.terra.com.

Text-based browser

Navegador que no permite visualizar archivos de hipermedia, sino sólo texto. Ya están en desuso tanto por la aparición de nuevos navegadores gráficos como por la gran cantidad de páginas web que utilizan gráficos. Por ejemplo, el navegador Lynx.

Thread
Cadena de mensajes de un Usenet newsgroup y todas las respuestas asociadas a ese artículo, así como las respuestas a esas respuestas. Permite seguir las respuestas al mensaje inicial, seleccionándolas, saltar al siguiente mensaje o seleccionar el mensaje deseado. Suele cubrir un tema, y continuamente se le añaden respuestas y nuevos mensajes enviados por otros participantes que desean exponer sus ideas.

Three Letter Acronym
Véase *TLA*.

Thumbnail
Cuando se navega por páginas web, se pueden ver imágenes de reducido tamaño y baja resolución (*thumbnails*) que, al ser pinchadas, abren una de mayor tamaño y resolución. Por lo general, en la página se suele indicar esta propiedad. Permite descargar rápidamente páginas completas con imágenes y solicitar la descarga de las que se deseen ver con mayor detalle y tamaño. Por ejemplo, cuando se entra en un archivo fotográfico de imágenes sobre la naturaleza, en cada página puede aparecer un grupo de 20 imágenes, que se descargan con rapidez. Una vez seleccionada la que interese, se puede visualizar con mayor resolución. Si todas las imágenes aparecieran con su máxima resolución, la página tardaría mucho en descargarse.

Tiempo de conexión - *Connect time*
Medida del tiempo que el usuario está online, a través de un proveedor de servicios Internet (ISP) gratuito o de pago. Se mide en horas o minutos de conexión y se paga la conexión telefónica de ese período o bien una tarifa plana mensual con uso ilimitado (a veces con horarios determinados).

Tiempo de respuesta - *Response time*
Período de tiempo que transcurre desde que enviamos una petición a un servidor de Internet hasta que ésta se ejecuta, y recibimos la información solicitada.

Tiempo real - *Real time*
Acción inmediata. Por ejemplo, se dice que mantenemos una conversación en tiempo real cuando los mensajes que escribimos aparecen en los monitores conectados a Internet a medida que los vamos escribiendo.

Tienda virtual - *Virtual storefront*
Tienda similar a la del mundo real, en la que se pueden ver catálogos de diferentes productos, incluirlos en la cesta de la compra, realizar el pago electrónicamente y recibirlos más tarde o inmediatamente si son productos digitales, como ficheros de música MP3, libros electrónicos, documentos, etc.

TIFF
(*Tag/Tagged Image File Format*).
Formato de imagen gráfica muy utilizado en Internet.

Time out, timed out, timeout
Mensaje que indica que ha finalizado el tiempo disponible para una petición realizada a un servidor de Internet cuando éste no ha respondido en un tiempo de-

terminado. // **2.** Desconexión del usuario de Internet por haber transcurrido un determinado tiempo. Suele producirse cuando el usuario no realiza ninguna actividad.

TLA
(*Three-Letter Acronym*).
Acrónimos de tres letras, muy utilizados en Internet, sobretodo en los correos electrónicos, chats y newsgroups. Aunque suele tener tres letras, también los hay de dos, cuatro e incluso más letras.
Véase *Acrónimo*.

TLD
(*Top Level Domain*).
Véase *Dominio*.

tn3270
Tipo especial de *telnet* utilizado para conectar con equipos mainframe de IBM.

to:
En el correo electrónico, zona que muestra al destinatario.

Toolbar
Véase *Barra de herramientas*.

Top Level Domain
Véase *TLD*.

Torvald, Linus
Véase *Linux*.

Traductor - Translator
Software que permite traducir directamente palabras o páginas web en poco tiempo. Existen varios tipos, desde los que traducen las conversaciones de chat ins-

tantáneamente, permitiendo el acceso a las personas que no hablan el idioma utilizado en ese chat, hasta los que traducen una palabra determinada de la página web o toda la página.

Traffic analyzers
Véase *Analizador de tráfico*.

Tráfico - traffic
Cantidad de información que circula por un sistema de comunicaciones. Cuando existe mucho tráfico, nuestras páginas se descargan lentamente. // **2.** Número de visitantes o accesos a una página o a una web site. Puede medirse en hits o impresiones.

Transfer rate
Véase *Velocidad de transferencia*.

Transferencia de ficheros - File transfer
Proceso de transmitir ficheros de un ordenador a otro a través de una red informática.

Translator
Véase *Traductor*.

Transmission Control Protocol / Internet Protocol
Véase *TCP/IP*.

Transparent GIF
Véase *GIF transparente*.

Tripod
Empresa que posee una web site en Internet para crear gratuitamente páginas per-

sonales y ponerlas rápidamente, permitiendo el acceso de otros usuarios. Es propiedad de Lycos.

Puede visitarse en <u>www.tripod.lycos.com</u>.

Trojan horse
Véase *Caballo de Troya*.

Troll
Dícese de los mensajes puestos en los newsgroups con el único fin de generar polémicas con respuestas rápidas y coléri-

cas. La mejor solución es ignorar estos mensajes.

TRUSTe

La idea de la creación de esta compañía empezó a gestarse en marzo de 1996, durante una conferencia de Esther Dyson en el «PC Forum» denominada *Trust*. Dos de los presentes, Lori Fena (de la Electronic Frontier Foundation) y Charles Jennings (fundador y CEO de Portland Software), se conocieron tras el acto. Ambos pensaban crear un símbolo de confianza en Internet. En julio de 1996, EFF y CommerceNet anunciaron un programa piloto para el lanzamiento mundial de esta iniciativa, en el que participaron cien web sites.

TRUSTe salió al mercado en junio de 1997, y siguió ampliando el número de empresas. En la actualidad está presente en los portales y empresas de comercio electrónico más importantes. Las web sites que incluyen el sello cumplen las normas establecidas por TRUSTe.

Puede visitarse en <u>www.truste.org</u>.

UDP
(*User Datagram Protocol*).
Protocolo que forma parte del grupo de protocolos de TCP/IP, utilizado para el transporte de datos, a los que otorga un mayor nivel de fiabilidad.

Uncompressing
Véase *Descomprimir*.

Under construction
Véase *en Construcción*.

Uniform/Universal Resource Locator
Véase *URL*.

UMTS
(*Universal Mobile Telecommunications System*).
Nuevo estándar de telefonía móvil de banda ancha que permite acceder a Internet a 2 Mbps.

Unix
Sistema operativo multiusuario (puede ser utilizado simultáneamente por varios usuarios) y multitarea (*multitasking*) desarrollado entre finales de la década de 1960 y principios de la de 1970 por AT&T, Bell Laboratories, GE y el MIT.
Fue utilizado en el desarrollo de los protocolos de comunicación de Internet y en la actualidad es el sistema operativo más extendido entre los servidores de Internet.

Unix to Unix Encode
Véase *UUEncode*.

Unzip
Descomprimir archivos, expandir ficheros cuyo tamaño ha sido reducido mediante un software de compresión que los guarda en formato zip. Existen muchos programas para realizar este proceso, como PKZip, StuffIt Expander, WinZip.
Véase *Zip*.

Upload
En Internet, proceso de transmisión de datos desde un ordenador a otro situado a gran distancia mediante un módem. Por ejemplo, cuando actualizamos nuestras páginas web por FTP, enviando la información al ordenador que las tiene alojadas. Es lo contrario de *download*.

Urban legend
(Del latín *legenda*, que se ha de leer). Sucesos que tienen más de tradicional o maravilloso que de histórico o real.
En Internet, historias, generalmente inventadas o exageradas, que circulan rápidamente, y se convierten en leyendas o mitos. Existen muchas e incluso hay web sites dedicadas a reunirlas y mostrarlas. Suelen difundirse a través de correo electrónico o por los newsgroups.

URL
(*Uniform Resource Locator*).

Formato estándar de dirección para cada recurso de Internet que forma parte de la World Wide Web. Indica el lugar en el que está alojado ese recurso. La URL suele mostrarse (o puede escribirse para buscarla) en la casilla superior izquierda del navegador. La primera parte indica el tipo de protocolo como, por ejemplo, http (http://), ftp, gopher, telnet (telnet://) o *newsgroups* (news:). Cada página web tiene su propia dirección URL, y no puede haber dos iguales. Por ejemplo, http:// www.atkearney.com/press/january.htm podría ser la dirección URL en la que están archivadas las noticias de prensa de enero de A.T. Kearney. Así, http:// es el protocolo que indica que se trata de una página web, www que está en la World Wide Web, atkearney es el nombre de la compañía, atkearney.com señala el servidor o dominio, donde .com nos dice que es una empresa, /press/ que es el *path* y /january.htm indica el archivo de la página (*filename*) concreta en la web site.

Usenet o Usenet Newsgroups o Usenet News
(USEr NETwork).
Véase *Newsgroups*.

User
Véase *Usuario*.

User Datagram Protocol
Véase *UDP*.

User ID
Véase *Identificación de usuario*.

User name
Véase *Identificación de usuario*.

Usuario - *User*
Persona que utiliza un determinado software de ordenador como, por ejemplo, el navegador de Internet. En Internet se habla también de usuarios registrados, que son las personas que han introducido sus datos en una determinada web site. Se les suele facilitar una clave y una contraseña para que puedan acceder a la información, tanto si están registrados en web sites de pago como gratuitas.

UUDecode
(*UNIX to UNIX Decode*).
Véase *UUEncode*.

UUEncode
(*UNIX to UNIX Encode*).
Programa utilizado para convertir un documento informático binario en (sonidos, imágenes…) no ASCII en un documento ASCII, para que pueda ser transmitido como un mensaje de texto mediante un correo electrónico o con Usenet Newsgroups. Para poder utilizarlo posteriormente, el receptor debe realizar el proceso contrario, o «UUDecode», mediante un programa decodificador. UUEncode está disponible como un comando UNIX, así como en versiones MS-DOS y Apple Macintosh. Los sistemas modernos de correo realizan este proceso de manera automática, sin que el usuario tenga que realizar ninguna acción. Véanse *MIME* y *BinHex*.

VDOLive®

Software para visualizar vídeo mientras se realiza la descarga, es decir, no es necesario descargar completamente el archivo para empezar a verlo, sino que podemos hacerlo tan pronto como comienza a descargarse.

Velocidad de transferencia - *Transfer rate*

Ratio al que se transfieren los datos enviados o recibidos por Internet. Se mide en bits por segundo (bps)

VeriSign, Inc.

Compañía californiana líder en servicios de autenticación, validación y pagos en Internet, utilizados por web sites, empresas y proveedores de comercio electrónico para realizar transacciones seguras de comercio electrónico y comunicaciones sobre redes IP. A mediados de 2000, había expedido más de 210.000 certificados digitales a web sites y casi cuatro millones a particulares.

Puede visitarse en www.verisign.com

Veronica

(*Very Easy Rodent Oriented Net-wide Index to Computerized Archives*)

Herramienta que permite buscar información mediante la utilización de palabras clave en un site Gopher (tanto en sus directorios como en sus archivos o documentos). Ha caído en desuso, ya que los buscadores de Internet son más rápidos y completos.

Archie es un programa similar que se utiliza para realizar búsquedas en servidores FTP.

Véanse *Gopher, Jughead* y *Archie*.

Vertical Portal

Véase *Vortal*.

Video files

Archivos digitalizados que almacenan vídeos en formato electrónico. Los formatos más conocidos son .avi, .mpg, .qt (QuickTime) y .mov.

Videoconferencia - *Video conferencing, videoconference*

Comunicación entre dos o más personas a través de una red de ordenadores, en la que pueden visualizar la imagen y el sonido. Mediante la videoconferencia se puede entablar una conversación con personas que están alejadas geográfica-

mente como si estuvieran en la misma habitación. Se necesitan conexiones telefónicas especiales, con un gran ancho de banda.
Véase *CUSEMEE*.

Viewer
Programa accesorio del navegador que permite manejar ficheros que no podría reconocer sólo. Por ejemplo, para ver o escuchar determinados archivos de imagen, sonido o vídeo. También se denominan *helpers*. El *viewer* se ejecuta fuera del navegador, pero siempre trabaja junto con él.

Virtual
Dícese de las actividades y objetos del entorno de Internet. Se habla de un entorno o mundo virtual, ya que no es tangible; se puede visualizar o escuchar pero procede de un entorno informático.

Virtual domain
Véase *Dominio*.

Virtual mall
Véase *E-mall*.

Virtual Private Network
Véase *VPN*.

Virtual Reality
Véase *Realidad virtual*.

Virtual server
Véase *Servidor virtual*.

Virtual storefront
Véase *Tienda virtual*.

Virus
Programa informático creado por personas malintencionadas que entran subrepticiamente en otros ordenadores y alteran su correcto funcionamiento, pudiendo destruir datos, anular funciones, etc.
Por lo general, el usuario ignora que tiene el virus hasta que comienza a ejecutar sus funciones. Éstas pueden ser dañinas o no, destruir con rapidez toda la información existente en el disco duro o actuar lentamente. Cuando ejecutamos el programa o documento en el que reside el virus, éste se activa, y comienza su labor destructora; al enviar ese documento a otra persona, también le enviamos el virus. Los virus pueden permanecer latentes en nuestro ordenador mucho tiempo antes de activarse; algunos, por ejemplo, se activan un determinado día del año, como el viernes 13.
Para evitar que los virus accedan a nuestro ordenador, debemos instalar un programa antivirus, para detectar su entrada y eliminarlos o impedir su acceso. Estos programas deben actualizarse constantemente, ya que cada día aparecen nuevos virus. Son conocidos McAfee VirusScan y Norton AntiVirus.
En Internet, el medio más habitual de acceso de los virus es el correo electrónico, en el que se pueden adjuntar malintencionadamente o de forma inconsciente ficheros que contienen virus y enviarlos a sus destinos, infectando los ordenadores. Otro medio de acceso son disquetes o CD-ROM infectados, o pueden incluso descargarse al ejecutar determinados ficheros de algunas web sites, pero no al visualizar páginas web o leer el texto del

correo electrónico, en contra de lo que muchas personas creen. En la actualidad se han detectado innumerables virus, y es prácticamente imposible estar «vacunados» al 100% contra ellos.

Algunas de las infecciones más conocidas de Internet se han producido de esta manera, como en el caso del virus *I love you*. El usuario recibía un correo electrónico con este mensaje como título del fichero. Al ejecutarlo, infectaba automáticamente el ordenador y utilizaba su sistema de correo electrónico para enviar nuevos mensajes con el virus a destinatarios conocidos por el usuario infectado. En pocos días provocó la caída de los servidores de correo electrónico de grandes compañías, y decenas de miles de usuarios vieron infectados sus ordenadores.

Véase *Caballo de Troya*.

Visitante - *Visitor*

Usuario de Internet que entra en una web site, dejando constancia de su paso. Se denomina número de visitantes diario o mensual al número de individuos que han accedido a una web site. El número de visitantes es el de acceso a la web site, independientemente del número de páginas al que accedan. Con este término se producen confusiones, ya que el mismo visitante puede entrar varios días, y constar como visitas diferentes, siendo en realidad la misma persona.

Visitar - *visit*

Entrar, visualizar una web site.

Vortal

(*Vertical Portal*).

Dícese de los portales de un sector empresarial que reúnen información sobre él. Por ejemplo, un portal del sector de la construcción donde se puede comprar material para construcción, revisar normativas, entrar en foros con otros constructores, etc., se denomina Vortal.

Portal y Vortal expresan conceptos similares. Se llama portales a todos los aglutinadores de información y compras. Cuando eran sectoriales empezaron a llamarse portales verticales, y en la actualidad se denominan, indistintamente, «portal vertical» y «vortal». Para buscar información sobre portales verticales o vortales, se puede visitar www.verticalnet.com, que reúne amplia información sobre diferentes portales verticales.

VPN

(*Virtual Private Network*).

Red virtual privada que conecta ordenadores dentro de una red pública como Internet; es una alternativa más económica que las líneas dedicadas. La confidencialidad de los datos está garantizada, ya que se utilizan sistemas de cifrado en las comunicaciones.

VRML

(*Virtual Reality Modelling/Markup Language*).

Lenguaje de programación vectorial estándar creado para construir imágenes en tres dimensiones (3D) en Internet.

Por ejemplo, pueden crearse mundos en tres dimensiones por los que los internautas pueden moverse e interactuar. Es el caso de ciudades virtuales, centros comerciales, habitaciones de *chat* o juegos. Las últimas versiones de los navegadores incluyen visualizadores de VRML; en los antiguos es frecuente tener que cargar programas para poder visualizarlos correctamente.

W3
Acrónimo de World Wide Web.

W3C
(*World Wide Web Consortium*).

Consorcio internacional fundado en octubre de 1994 para el desarrollo de estándares de protocolos comunes que permiten la evolución de la World Wide Web y asegura su interoperabilidad. Está dirigido por el Laboratory for Computer Science del MIT (Massachusetts Institute of Technology), y previamente estaba establecido en el CERN, en Suiza. Entre sus servicios incluye un repositorio de información para usuarios y desarrolladores, prototipos y ejemplos de aplicaciones para demostrar el uso de las nuevas tecnologías y códigos de referencia para construir y promover estándares
Puede visitarse en www.w3.org.

WAIS
(*Wide Area Information System/Service*).
Motor de búsqueda que localiza e indexa una gran cantidad de información en servidores a través de redes como Internet, y muestra la información al solicitante. Los buscadores de los portales han desplazado su uso, pero se sigue utilizando en entornos de investigación y bibliotecas.

Wallet
Cartera o monedero electrónico. Es un software integrado en el navegador que almacena y controla las tarjetas y certificados SET utilizados en las transacciones en Internet.
Véase *SET*.

Walt Disney Internet Group
Compañía para realizar negocios en Internet de Walt Disney Company. Posee algunas de las web sites más visitadas del mundo, como www.disney.com (niños y familias), www.ESPN.com (deportes) o www.ABC.com. Asimismo destacan www.family.com, www.movies.com, www.disneystore.com, www.disneytravel.com, www.NBA.com, etc. Según Media Matrix, en junio de 2000 era el sexto grupo de Internet, con casi veintidós millones de visitantes mensuales.
Puede visitarse en www.disney.go.com.

WAN
(*Wide Area Network*)
Red de ordenadores que cubre un territorio geográfico mayor que el de la LAN. Es el caso, por ejemplo, de una red que cubra varias ciudades.

Wap
(*Wireless Application Protocol*).
Tecnología que permite ofrecer contenidos de Internet en un teléfono móvil o en un emulador WAP. Los contenidos deben adaptarse, ya que el menor tamaño, resolución y colores de la pantalla del

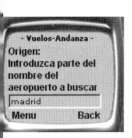

teléfono constituyen un obstáculo para la visualización de páginas como se ven en la pantalla del ordenador. WAP fue desarrollado por las compañías Nokia, Ericsson, Motorola y Phone.com. Para crear contenidos WAP se usa el lengua-je WML (Wireless Markup Language). Véase *WML*.

Wap *Server*
Servidor HTTP para el entorno WAP.

.wav
Extensión de documento de audio, muy utilizado.

Web
Denominación que recibe la World Wide Web. Otras denominaciones son WWW, Red y W3. // **2.** Web site o lugar donde se ofrece la información de una empresa, organismo o usuario particular bajo un dominio o subdominio. Por ejemplo, la web de A.T.Kearney se ofrece en www.atkearney.com. // **3.** Cada una de las páginas que componen el repositorio completo de una empresa, organismo o usuario particular.
Existe una fuerte polémica sobre su género gramatical: «el web» o «la web».

Web authoring
Véase *Autoría*.

Web browser
Véase *Navegador*.

Web developer
Desarrollador de web sites avanzadas.

Web document
Documento de Internet tal y como lo visualizamos en nuestro navegador.

Web host
Véanse *Host* y *Hosting*.

Web page
Véase *Página*.

Web ring, webring
Véase *Anillo*.

Web server
Véase *Servidor web*.

Web site, website, web presence o site
En Internet, grupo de páginas web (*web pages*) relacionadas que recogen la información de una compañía o usuario particular. Suelen tener una página principal, denominada *home page*, desde la que se accede, por categorías, a las restantes páginas. Cada página de la web site tiene su propia dirección «http://» y puede residir en uno o varios servidores. El FTP site se compone de directorios para cargar y descargar ficheros, y el Gopher site es un grupo de menús

Web spider
Véase *Spider*.

Webcam, web camera, cam, live cam
Videocámara conectada a un ordenador que ofrece las últimas imágenes a través de una web site. Las imágenes se refrescan con un intervalo de tiempo determinado (segundos o minutos). En Internet, miles de cámaras ofrecen todo tipo de imágenes. Hay webcam que permiten ver el tráfico de una ciudad, el ambiente de un local nocturno, la climatología de una zona, monumentos de todo el mundo, oficinas, comederos de pájaros, zoológi-

cos, acuarios, interiores de viviendas particulares, etc.
En los ejemplos pueden verse los elefantes del zoológico de Pittsburgh y una vista de Roma.

Webcasting
Envío de sonidos o vídeo en vivo o grabados a través de la web. Suele utilizarse para enviar tráilers de películas, vídeos musicales y programación radiofónica o televisiva. Mediante tecnología *push*, el servidor envía información al usuario de manera continua, previa petición y selección de la información por parte de éste.

Webcrawler
Propiedad de Excite, es uno de los mayores motores de búsqueda.

Puede visitarse en www.webcrawler.com.

Webmail
Servicio de correo que se ofrece desde una página web, normalmente gratuito. Es muy habitual en portales.

Webmaster
Administrador responsable del buen funcionamiento de una web site con un buen conocimiento de HTML. En muchos casos es también el creador de los contenidos y la organización de la propia web site. El término es muy amplio, y puede cubrir más aspectos, como la administración del servidor web. Normalmente se puede acceder a él por correo electrónico en webmaster@nombre-de-empresa.com.
Cuando la persona responsable es una mujer, se denomina *webmistress*.

WebNFS
Producto de Sun Microsystems propuesto como estándar, que extiende su NFS (Network File System) a Internet.
Véase *NFS*.

WebTV

Microsoft

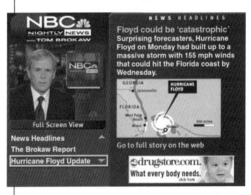

Compañía fundada en 1995 y adquirida en 1997 por Microsoft por 425 millones de dólares. Como muchas otras compañías de Internet, fue creada en un garaje de un concesionario de automóviles en Palo Alto, California. Su objetivo es facilitar el acceso a Internet a través del televisor, añadiendo funcionalidades interactivas a la propia programación de televisión. Se necesita un set-top box que incluye un módem, un teclado opcional y software de navegación y la disponibilidad de una línea telefónica.
Puede visitarse en www.webtv.net.

White Pages
Páginas blancas telefónicas, aplicadas a Internet. Ofrecen información de direcciones de correo electrónico, números telefónicos y direcciones postales de los usua-

rios de Internet. En el ejemplo, podemos ver las páginas blancas del portal MSN. Véase *Yellow pages*.

White Paper

Documento creado por la compañía que desarrolla una nueva tecnología, en el que explica todos los aspectos relacionado con ella, por lo general desde el punto de vista técnico. Por ejemplo, «CD-ROM *white paper*».

Whois

Base de datos de InterNIC que permite obtener información de los dominios de Internet y *hosts*. Permite conocer si el do-

minio que se desea registrar ya está registrado, y ofrece los datos de su propietario: nombre, dirección de correo electrónico, dirección postal, número de teléfono, etc. Si la respuesta indica que el dominio no ha sido registrado, puede procederse a su registro. Además de en InterNIC, esta utilidad puede encontrarse en otros servidores. En el ejemplo, puede verse el resultado de la búsqueda de la palabra *chambers*, en el que aparecen tres respuestas de registro de dominio.

Wide Area Information System/Service

Véase *WAIS*.

Wide Area Network

Véase *WAN*.

Winamp

Software, uno de los más utilizados, que permite reproducir ficheros MP3. Puede descargarse en <u>www.winamp.com</u> y en <u>www.mp3.com</u>.

Windows sockets

Véase *Winsocks*.

Winsock applications

Programas creados para utilizar *Winsocks*. Véase *Winsocks*.

Winsocks
(*WINdows SOCKets*).
Programa DLL (Dynamic Link Library) de Microsoft Windows que permite a los programadores enlazar (*interface*) con aplicaciones TCP/IP. Es el enlace que controla la relación entre un programa de Windows y otro TCP/IP.

WINZIP
Programa del entorno Windows utilizado para comprimir ficheros y almacenarlos en un espacio más reducido de disco, o enviarlos con mayor rapidez. Es un programa shareware que puede obtenerse en www.winzip.com.

Wired

Una de las revistas más populares en el entorno de Internet.
Puede visitarse en www.wired.com.

Wireless
Comunicación sin hilos como, por ejemplo, el teléfono móvil, satélite o infrarrojo.

Wireless Application Protocol
Véase *WAP*.

WML
(*Wireless Markup Language*).
Lenguaje similar al HTML, basado en el XML. Se utiliza en dispositivos WAP mediante un navegador especial.
Véase *WAP*.

World Wide Web, www, w3
Según la W3C (World Wide Web Consortium), organización fundada por Tim Berners-Lee, que desarrolló la World Wide Web entre 1989 y 1990 en el CERN, en Suiza: «Técnicamente, la World Wide Web abarca toda la constelación de recursos a los que puede accederse a través de servicios como Gopher, FTP, Telnet, Usenet, WAIS y otros, pero se asocia más a la red de servidores web (servidores HTTP) que mezclan texto, gráficos, sonidos y otros en un documento común». La Red se basa en HTTP (HyperText Transfer Protocol), y los documentos se interrelacionan mediante enlaces de hipertexto, que permiten pasar de una página a otra. Así, todas las páginas conforman una red (*web*) que une los contenidos de Internet. Para acceder a estos contenidos, y a otros que ofrece Internet, se necesita un navegador, como Microsoft Explorer, Mosaic, Netscape Communicator u Opera.

World Wide Web Consortium
Véase *W3C*.

Worm
Programa informático creado con fines destructivos que puede autorreplicarse y

autopropagarse. El más conocido hasta el momento es el «Internet Worm» de finales de la década de 1980, que afectó a cientos de servidores dejándolos fuera de servicio al no existir todavía ningún antivirus válido.

XHTML 1.0

Recomendación (*recommendation*) de la W3C para la versión de HTML posterior a la 4.01. Es una reformulación de HTML 4.01 en XML, que combina la robustez del primero con la potencia del segundo. Permite crear páginas web para todas las plataformas de navegación, incluidas las nuevas, como el televisor, el coche, los quioscos o los teléfonos móviles.

XML

(*eXtensible Markup Language*)

Lenguaje universal de marcado para documentos estructurados y datos en la web, más amplio, rico y dinámico que HTML. No sólo es un lenguaje de marcado (*markup language*), sino también un metalenguaje que permite describir otros lenguajes de marcado. Permite el uso ilimitado de los tipos de datos que pueden utilizarse en Internet, lo cual resuelve los problemas que surgen entre las organizaciones que deben intercambiar datos procedentes de estándares distintos. Al igual que HTML, procede de SGML, pero ofrece mayores posibilidades de enlace (*link*), mejor presentación y prestaciones en el navegador, y es más accesible y reutilizable. Es un estándar de la W3C.

Véase www.xml.com.

Xmodem

Protocolo estándar de transferencia de ficheros para módem desarrollado por Ward Christensen en 1997. Envía datos en bloques de 128 bytes entre PC. Entre los datos se incluye un sistema que permite detectar los errores y, al llegar el mensaje, comprueba que no se han perdido o dañado datos. Si el mensaje ha llegado correctamente, se envía un mensaje ACK (*acknowledgement*). Si se ha producido alguna pérdida de datos, el equipo receptor envía un mensaje a NAK (*negative acknowledgement*) solicitando un nuevo envío del mensaje.

Ymodem y Zmodem utilizan bloques de datos mayores que Xmodem, y son más rápidos.

Véanse *Ymodem, Zmodem, ACK, NAK*.

Ya.com

Portal propiedad de Jazztel, lanzado al mercado español en 1999.
Puede visitarse en www.ya.com.

Yahoo!

Directorio y portal creado en 1994 por David Filo y Jerry Jang cuando cursaban Electrical Engineering en la Universidad de Stanford, uno de los más populares en Internet. Comenzaron creando una guía en la que almacenaban sus direcciones favoritas de Internet, que en poco tiempo alcanzó un gran tamaño. En 1994 convirtieron Yahoo! en una base de datos personalizada, diseñada para dar servicio a los usuarios de Internet.

Probablemente, Yahoo es la sigla de Yet Another Hierarchical Officious Oracle, aunque sus creadores insisten en que eligieron este nombre porque ellos se consideran yahoos.

Inicialmente Yahoo! residía en la estación de trabajo de Yang, denominada «akebono», y el motor de búsqueda en la de Filo, denominada «konishiki», nombres de dos legendarios luchadores de sumo hawaianos. En 1995, Marc Andreessen, cofundador de Netscape Communications, invitó a los creadores de Yahoo! a alojar sus ficheros en los potentes ordenadores de la empresa.

A mediados del 2000, Yahoo! Era visitado por más de 156 millones de personas mensuales, y tenía delegaciones en un gran número de países.
Puede visitarse en www.yahoo.com.

Yellow Pages (YP) - Páginas amarillas

En el mundo real representa las guías telefónicas de empresas. En Internet pueden encontrarse directorios similares. En España, la compañía TPI (Telefónica Publicidad e Información) publica las páginas amarillas reales, y en Internet tiene www. paginas-amarillas.es, que reúne más de

1.600.000 empresas y profesionales, 20.000 alojamientos y 25.000 restaurantes. En el ejemplo, puede verse una búsqueda en las páginas amarillas del portal MSN.
Véase *White pages*.

Ymodem
Protocolo de transferencia para módem, basado en el Xmodem, que envía los datos desde un host de Internet hasta un PC. Los bloques de datos ocupan 1024 bytes frente a los 128 del Xmodem, y la transmisión es más rápida. Los datos que llegan correctamente no requieren el envío al ordenador emisor de un ACK (*acknowledgment*) confirmando la recepción correcta de la información. Sin embargo, si los datos llegan con errores, se manda un NAK (*negative acknowledgement*) solicitando un nuevo envío. Permite transmitir un gran número de ficheros en una sesión.
Véanse *Xmodem* y *Zmodem*.

Zine
Véase *E-zine*.

Zip
Formato de compresión de archivos utilizado para almacenar y distribuir uno o varios documentos ocupando menos espacio. Entre los formatos utilizados para realizar esta función, destacan Zip (es el más utilizado), TAR, gzip y CAB, seguidos de ARJ, ARC y LZH.

Cuando se envían documentos por correo electrónico, si tienen un gran tamaño, conviene convertirlos a formato zip u otro similar para reducir el tiempo de transmisión. Otra utilidad es reducir el espacio de disco duro ocupado por los archivos. Los documentos comprimidos llevan la extensión «.zip» tras el nombre del archivo, y el receptor debe descomprimirlos (*unzipped*) para poder ver los documentos originales. Los programas más utilizados son PKZip (entorno DOS) y WinZip (para Windows).

El proceso se denomina *zipping* y *unzipping* y en Macintosh, *stuffing* y *unstuffing*. Véase *Unzip*.

Zmodem
Protocolo de transferencia rápida para módem que envía los datos desde un *host* de Internet hasta un PC. Pueden enviarse muchos ficheros con un solo comando, y los nombres de los ficheros se envían conjuntamente. Los datos se envían en bloques de 1.024 bytes. Si un bloque de datos llega con errores, se manda un NAK (Negative Acknowledgement) y nos envían un nuevo bloque.

Tiene así mismo la capacidad de recuperar una transferencia realizada parcialmente.

Zulu time
Denominación de la hora según el meridiano de Greenwich (Greenwich Mean Time, GMT), utilizada por el gobierno norteamericano.